景观园林机械手数字化设计方法

蒙艳玫　韦　锦　孙启会　肖利英◎著

科学出版社

北京

内 容 简 介

本书运用现代先进的虚拟样机技术，主要探讨机械手复杂空间曲线的轨迹规划和插补理论、动力学和运动学仿真分析与优化方法、修剪机械手关键零部件动态设计理论，以及机电系统"虚实结合"协调优化控制的方法等，形成较完整的园林修剪机械手的设计方法，并且在理论分析的基础上，提供园林修剪机整机制造与试验方案。

本书可供机械设计制造及其自动化、机电一体化等专业和领域的研究人员、工程技术人员阅读，也可作为本科生和研究生的参考书。

图书在版编目(CIP)数据

景观园林机械手数字化设计方法/蒙艳玫等著. —北京：科学出版社，2018.5

　　ISBN 978-7-03-057070-3

　　I. ①景… II. ①蒙… III. ①园艺作物－修剪－机械手－研究
IV. TP241

　　中国版本图书馆 CIP 数据核字（2018）第 071789 号

责任编辑：郭勇斌　肖　雷 / 责任校对：彭珍珍
责任印制：张　伟 / 封面设计：蔡美宇

科学出版社 出版
北京东黄城根北街 16 号
邮政编码：100717
http://www.sciencep.com

北京中石油彩色印刷有限责任公司 印刷
科学出版社发行　各地新华书店经销
*
2018 年 5 月第 一 版　　开本：720×1000　1/16
2019 年 1 月第二次印刷　　印张：9 3/4
字数：197 000
定价：68.00 元
（如有印装质量问题，我社负责调换）

序　言

　　复杂机电产品研发不仅需要多个领域的研究基础，也需要具备一定跨学科的整合能力。园林景观机械手的数字化设计与理论是当今的重要发展方向和实践课题，其包含着机械设计、计算机辅助设计、电子控制、嵌入式系统等一系列的研究，这无疑是需要多领域的相互融合。

　　目前国内尚无基于数字化理论的园林景观机械手研究和应用的书籍，蒙艳玫教授以园林景观自动化修剪造型的研究与设计为切入点，深入探讨了机构的创新设计、计算机辅助设计及嵌入式系统开发等在园林景观机械领域的融合。特别是以数字化的方法，系统科学的研究了园林景观机械手的设计及其应用。

　　该书内容与时俱进，可以使读者了解本行业的发展方向。该书从机器人学、ADAMS 的运动学与动力学、复杂机构设计及其有限元分析、嵌入式设计等多个方面进行了阐述，并通过"虚实结合"方式实现了复杂机电产品研发过程机械与电子控制有机结合，内容上体现出了基础性、科学性和先进性，是一本有特色的作品。

　　希望该书能够给读者很多灵感，从中受益，特别是学习、理解复杂机电产品设计的思维和感受基于"虚实结合"的数字化设计的强大生命力。

2018 年 4 月

前　言

目前我国每年用于市政建设、园林景观、生态恢复、道路绿化及维护等的总投资额已经超过 2000 亿元人民币，然而对高速公路、城市道路及公园小区绿化带和景观苗木的修剪造型，主要依靠工人使用各种手持式和背负式绿篱修剪机，操作者作业时一直处于持重状态，劳动强度大、维护成本高，并且工作时机器产生振动、噪声和废气，作业环境和安全性差，市场迫切需要全自动多功能绿篱苗木修剪机。

为实现绿篱苗木修剪造型的机械化，本书对此类修剪机械装备展开了系统研究，结合现代先进的虚拟样机技术探讨了园林机械手的设计理论和方法。

本书通过分析园林机械手工作过程和工作机制，研究机械手复杂空间曲线的轨迹规划和插补理论、动力学和运动学仿真分析和优化方法，探讨园林修剪机械手关键零部件动态设计理论，以及机电系统"虚实结合"协调优化控制的方法，形成一个较完整的园林修剪机械手的设计方法。同时将该理论方法应用于实际产品开发中，研发了一种能够实现对公路及园林圆柱状、圆锥状、球状绿篱苗木的平面、斜面、波浪面等进行自动化修剪的机械。修剪机由承载车和修剪机械手两部分组成，承载车可用各类卡车和拖拉机等，修剪机械手具有多个自由度，主要由旋转底盘、主升降机构、伸缩机构、旋转机构、刀具升降机构、刀具倾斜角度调整机构、修剪刀具和控制系统组成。旋转底盘固定安装在承载车上，底座固定安装在旋转底盘的上端面，大臂、后臂、前臂、小臂及刀架等依次串联安装，通过控制软件实现修剪造型过程实时在线插补、误差补偿和全自动控制，更换工作装置还可实现道路护栏和广告牌等的清洗及草坪的修剪。可以在驾驶室内进行修剪操作，也可以在车外通过无线手持控制器进行操作，各种修剪造型在设定修剪参数和对中后均由程序自动控制完成。

本书相关研究获得科技型中小企业技术创新基金项目"电动式多功能绿篱苗木修剪机"（11C26214505595）、广西科学技术厅科技攻关项目"电动式多功能绿篱苗木修剪机"（桂科攻 1103052），以及南宁市科技攻关项目"基于虚拟样机的车载式多功能苗木修剪机研发"（2010003007A）等项目资助，申请发明专利 45 项，已获授权 20 余项。已成功研发了小型自走手推式、全自动前置车载式和全自动后置车载式 3 种机型，最大修剪范围：5m（高）×4.8m（宽），最大修剪速度 5000 m/h，产品通过农业部亚热带农机具产品质量监督检验测试中心产品检验，获得广西壮族自治区计量检测研究院产品校准证书，已开始小批量试产。

本书以基础理论研究为中心，针对性强，研究成果具有一定的实用性和理论参考价值。本书的主要内容以作者多年研究的成果为主，均为作者已发表或即将发表的研究资料。梁建治、韩旭、董振、唐治宏、胡玮等参与了第四、第五章节部分内容的编撰工作，在此表示感谢。限于作者水平有限，研究还不够深入，疏漏之处难免，敬请读者批评指正。

作 者

2017 年 10 月

目　　录

第1章 绪 论

1.1 景观园林修剪的作业特点

1.1.1 景观园林人工修剪作业模式

景观园林人工修剪作业主要采用手持式和背负式等小型修剪机进行修剪，其中采用手持式的更多一些。通常采用二冲程汽油机作为动力。

小型修剪机工作过程中的操作也较为繁琐。设备启动前，操作人员应检查各零部件连接情况，尤其是刀片紧固螺钉、螺母。设备启动后，应低速运转 3～5 min，让汽油机充分预热；同时，适当加速以检查刀片的运转情况。设备使用时，操作人员应配戴手套、耳塞等必要的防护用品。为操作人员健康考虑，每次连续作业时间以 30～40 min 为限。进行作业时，应将油门加至 2/3 或全开，刀片高速运转时方可进行作业；不可长时间满负荷作业，以免机器过早磨损。水平作业时，刀片微倾 5°～10°；垂直作业时，采用圆周下摆、上下游动的方式进行作业。每次作业完毕后，用汽油将粘贴在刀片上的污垢洗掉，防止刀片缝隙间污垢堆积造成刀片生锈变形，甚至报废。每作业 20 h 左右，须给齿轮箱加注润滑油；每作业 25 h 清洗空滤器、火花塞；每作业 50 h 清理燃油滤头和火花塞；每作业 100 h 清埋消声器。每次作业完毕，最好将油箱内的燃油倒出、化油器内的燃油用净，以免长期存放导致燃油产生氧化，产生黏物导致化油器堵塞。

人工修剪作业模式劳动强度大，效率低，噪声大，浪费能源，空气污染严重；手持式修剪机或绿篱机修剪的绿篱尺寸整齐性、美观性较差；人工修剪作业效率不高，如修剪一个直径约 1.2 m 的球状苗木的工作通常需要 2～4 人共同花费 5～10 min 完成，而修剪一棵高度达到 1.8 m 的圆柱状苗木，则需要搭建台架等，工作十分繁杂。人工修剪作业模式无法满足城市园林建设和公路绿化建设的发展需要。

1.1.2 景观园林机械化修剪作业模式

景观园林机械化修剪采用车载式的自动化修剪机进行修剪。修剪时，工作人员操控车辆的行进速度、方向，或者根据装备说明，在满足修剪条件且下达修剪命令后，对景观绿篱进行自动修剪造型。

机械化修剪代替人工作业，减轻了园林工作者的工作强度，提高了工作效率，减少了由人工修剪带来的交通安全和人身安全隐患，作业可靠性和安全性得到了保障。机械化装备通常能够实现一机多用和联合作业。一机多用指一种机器设备能够配备多种附件或工作装置，更换不同的附件可以调整对应的功能，完成不同的作业任务，提高了机器的利用率。联合作业指一种机器设备能够同时附带多种附件，可以同时完成多项作业任务，提高机器设备的劳动生产力及作业效率。机械化修剪在各个方面都比人工修剪具有优势，将成为未来景观园林修剪的主要方向。

1.2 景观园林机械发展动态

1.2.1 景观园林机械的发展趋势

随着城市园林建设和公路绿化建设的迅猛发展，景观园林机械产品的需求量增大，同时其质量也要向更高层次发展。景观园林机械产品也将朝人性化、环保化、自动化和智能化、一机多用等方向发展。

（1）机械产品人性化。人性化的理念，使园林机械朝功能更强大、更丰富的方向发展，使机械化修剪能够更全面地代替人力作业，减轻园林工作者的工作强度，这与我国大力提倡的"以人为本"的思想更加契合。此外，园林机械还应不断提高其运行的可靠性和安全性。园林机械的人性化也使工人的劳动安全得到保障，如在西方国家，小型乘坐操纵坐骑式草坪修剪机已经逐步取代了步行操纵自走式草坪修剪机[1]。

（2）机械产品环保化。目前，全球共同关注的话题之一是环境保护。森林遭到大肆破坏、有毒有害气体大量排放、全球气温持续升高，人类赖以生存的地球已经不堪重负。目前普遍使用的园林机械多是采用以汽油或柴油作为动力燃料的二冲程内燃机，虽然其结构简单、重量体积比小，但是噪声大、废气排放严重，并且由于多为露天作业，极易造成污染物的扩散。遭受污染的环境已经开始影响人们日常的生活，促使人们提高环保意识。各国政府也出台相关政策、法规，要求园林机械必须朝着节能环保的目标迈进[2]。比如，近年来有许多园林机械已逐步采用四冲程汽油机代替二冲程汽油机，此外，新一代的低噪声、低污染的小型汽油机已经投放市场。机械产品的环保性能必将成为其质量、性能的重要评价指标之一。

（3）机械产品自动化和智能化。21 世纪以来，园林绿化领域兴起的一大变革是以机械作业代替人工作业。因此，大型的家庭园林服务公司及城市绿化服务公司等应运而生，专为那些拥有家庭园林却没有时间进行管理的人群提供园林养护的服务。19 世纪末，割草作业主要通过人力手持剪刀进行，到了 20 世纪初，出现了具有自主动力且可骑坐的动力式割草机，目前，发达国家已经开始使用具有全天候工作能力的智能割草机器人。在追求高效率、低劳力、低成本的市场大环境下，各行各业都在不断地引入自动化及智能化的理念，并且已经逐步实现了自动化或半自动化，绿篱修剪作业也必然将经历从纯手工修剪到自动修剪或两者并存的历程。科技的进步能够促进生产力的解放，虽然目前国际上对园林机械智能作业的研究属于前沿领域，但是随着人们生活品质的追求的提高，人们对绿篱修剪作业的精准性和高效性要求也越来越高，对智能化园林机械的研发也已成为新世纪的研究热点之一。

（4）机械产品一机多用。针对城市道路、小型园林和庭院的功能需求发展多功能机械产品，只需通过简单改装或加装工作部件即可实现不同功能，满足不同的作业需求。如丹麦 Nilfisk-Advance 公司生产的 2250 型多功能机器，既可以单独作为动力牵引机，又可以在前端加装绿篱修剪装置或割草装置以进行割灌或割草作业。此外通过换装铲斗、清洁装置，还可以实现铲雪、扫地等功能。实现一机多用可以减少资源的浪费，减少购头成本及维护成本等，对于提升产品的竞争力具有显著的意义。

1.2.2　自动化修剪机国内外的研究现状

1. 国内研究现状

我国的树木栽植与养护机械化起步于 20 世纪 50 年代，当时东北地区和内蒙古地区从苏联引进植树机进行造林作业。经过 60 年左右的发展，我国已经自行研制并生产了一定数量的栽植与养护机械；但总体来看，截至目前机械化的比重还比较低，大部分作业仍靠手工完成，机械的类型和品种也不够丰富。树木栽植与养护作业，视栽植的树木大小、树种、地区和土地条件不同，作业内容有比较大的差异，所使用的机械类型和品种也不尽相同[3]。目前普遍使用的专用机械类型有挖坑（穴）机、植树机、树木移植机、高枝修剪机和绿篱修剪机等。

大型自走式绿篱修剪机主要有车载式和臂架悬挂式两种，技术比较成熟的有以下 3 种机型：车载式绿篱修剪机、车载悬挂式绿篱修剪机和车载臂架悬挂式绿篱修剪机。其中，车载臂架悬挂式绿篱修剪机一般悬挂在小型拖拉机上，利用拖拉机的液压系统（也可用单独的液压系统）对臂架和工作装置进行控制[4, 5]。

车载式绿篱修剪机一般采用侧置方式安装在大型的车辆上，具有可以伸缩的液压臂，臂端装有可以往复运动的液压剪。车载式绿篱修剪机具有修剪效率高、极大改善劳动条件、减轻操作人员劳动强度等优点，但是必须有配套的专用车辆；而缺点是修剪机的使用时间短，因而机器使用率低，使用成本大幅度提高。车载式绿篱修剪机一般用于车辆可以方便到达的作业地点，如用于交通便利的道路边的绿篱修剪，这种设备通常都具有多种用途，可以完成运输、修剪、吊重等多项任务。车载臂架悬挂式修剪机在欧洲一些国家使用较多，可以用来完成一般的修剪设备无法完成的超高、超大的树木的修剪作业，还可以根据需要，大范围地调整切割器的高度，甚至可以下放到地面，用于修剪绿篱和地面的杂草。

随着我国园林事业的发展，现已研制出多种园林机具。国内在车载式绿篱修剪机发展方面，其中承载车以卡车为主。这些机具虽能基本满足园林绿化的需要，但品种尚不齐全，选择余地较小，和国外先进产品相比，在性能上还存在一定差距[6]。

2. 国外研究现状

在园林绿化中，树木栽植与养护是劳动强度比较大的作业，其机械化起步比较早。20 世纪初，在欧洲和北美地区开始出现植树机，但由于机器笨重，发展速度缓慢。进入 20 世纪 50 年代，随着内燃机技术的成熟和轻量化，树木栽植和养护机械得以快速发展。截至目前，发达国家的树木栽植与养护已全部实现了机械化作业，生产和使用的机械品种和类型都比较齐全。

绿篱和枝桠修剪主要使用绿篱修剪机和高枝修剪机。绿篱修剪机有汽油机作动力的，也有电动的，切割机械以往复式为多，日本的小松、德国的 STIHL、瑞典的 HUSQVARNA 等公司均有生产各种不同规格的便携式绿篱修剪机[7]。臂架悬挂式绿篱修剪机在欧洲比较广泛使用。还有一种车载臂架悬挂式绿篱修剪机[8]，它一般装在拖拉机上，由切割装置和液压起重臂组成。切割装置安装在起重臂臂架末端，因此有比较大的机动性，伸距可达 7 m，可以修剪高度或宽度比较大的绿篱，如绿墙、绿篱和灌木丛等。

便携式绿篱修剪机是目前使用广泛的机型。美国 RYOBI 公司生产的 HT 系列电动绿篱修剪机有 3 个型号，即 HT816R、HT818R 和 HT822R，都使用工频交流电动机，其中 HT822R 型功率 348 W，重量 2.7 kg，修剪枝条最大直径 9.5 mm。HUSQVARNA 公司生产的 600HEL 型绿篱修剪机，功率 600 W，重量 3.3 kg，修剪枝条直径 1.4 cm，割幅 55 cm。德国 STIHL 公司生产的锯链导板式高枝修剪机，功率 0.9 kW，重量 6.7 kg，装在伸缩杆上可用于修剪高度或宽度比较大的绿篱、绿墙、灌木丛。我国生产的 LJ3 型便携式绿篱修剪机由二冲程汽油机驱动，功率 1.85 kW，切割装置为双刀片往复式，每分钟往复 1 918 次，修剪枝条直径 1.5 cm，割幅 50 cm，重量 8 kg。

德国的绿篱修剪机的研制技术在全球处于领先地位。在修剪机承载车方面，德国 Ducker 公司生产的 AWS22、AWS13 及 TMK10 型绿篱树木修剪机在拖拉机或卡车的前方设置带有万向轮的承载机构用以承载机械臂，并且机械臂可以左右移动用以扩大修剪机械臂的作业范围。将装在机械臂末端的往复式切割装置更换为剪草装置后，还可以用于草地修剪，实现了一机多用，如图 1-1 所示。

图 1-1　TMK 10 型绿篱树木修剪机

1.3 园林机械设计开发理论现状

1.3.1 虚拟样机技术

虚拟样机技术（virtual prototyping，VP）是建立和应用虚拟样机的技术。它将先进的信息技术与系统设计、建模、分析、仿真、制造、测试及后勤保障相结合，以支持系统生命周期的开发过程。在概念内涵上，它是一种新的设计理念和设计方法；在知识层面上，它是多学科和多领域技术的交叉和集成，涉及CAD/CAE、并行工程、虚拟现实、计算机支持的协同工作（computer supported cooperative work，CSCW）、逆向工程、人工智能、计算机仿真和分布式计算等技术的综合应用。

在常规的产品开发过程中，物理样机模型用来验证设计思想、选择设计产品、测试产品的可制造性和展示产品。虚拟样机要替代物理样机，首先至少要具备上述功能。由此，虚拟样机应该可以用来测试产品的外形和行为，并且可以用来进行一系列的研究。另外，物理样机可"使人对一个产品有一种感观的评价"，如颜色、外形、美学特性、触觉和舒适性等。要替代物理样机的这些特性，虚拟样机技术应该包含人和产品的交互。因此，基于虚拟样机技术对园林机械产品进行开发，可缩短开发周期，减少物理试验成本，并且提高设计质量。

1.3.2 园林机械虚拟样机开发技术的现状

1. 自动化园林机械的基本组成

自动化园林机械一般由行走机构、承载机构和执行机构组成。

行走机构可使用现有或经过简单改装的车辆制成。行走机构的动力系统除了为整机行走提供动力，还可通过机械耦合装置、液压泵、发电机等设备给承载机构及执行机构提供动力。

承载机构为行走机构与执行机构的额外附加承力机构，不仅承受整机的重力和执行机构重心偏置引起的侧向力矩，而且在修剪作业中还承受执行机构往复运动惯性力引起的侧向力矩。承载机构既要使得修剪机在快速转场时能够充分利用行走机构的悬架装置的悬架以确保行驶平顺性和操纵稳定性，又要在作业过程避免悬架、轮胎的变形影响修剪的效果。

执行机构一般为具有多个自由度的机械手。机械手结构主要由旋转底盘、主升降机构、伸缩机构、旋转机构、刀具升降机构、刀具倾斜角度调整机构、修剪刀具和控制系统组成。机械手机构控制系统的作用是根据上位机发出的控制指令对机械手结构本体进行控制，完成园林景观造型的各种动作。

2. 园林机械手虚拟样机开发关键技术

园林机械手虚拟样机的开发与实施涉及许多相关研究领域与关键技术，如系统总体技术、一体化建模技术、协同设计技术、协同仿真技术、管理技术、集成环境技术（包括环境仿真模型、环境效应的模拟、虚拟现实 VR 技术和支撑平台/框架技术）等。

（1）虚拟样机系统总体技术

虚拟样机系统总体技术从全局出发，解决涉及系统全局的问题，考虑构成虚拟样机系统的各部分之间的关系，规定和协调各分系统的运行，并且将它们组成有机的整体，实现信息和资源共享，实现总体目标。

（2）虚拟样机一体化建模技术

虚拟样机是不同领域 CAX/DFX 模型、仿真模型与 VR/可视化模型的有效集成与协同应用。因此，实现虚拟样机技术的核心是对这些模型一致、有效地描述、组织/管理和协同运行。

（3）虚拟样机协同设计技术

虚拟样机的开发建立在多种学科的建模与设计基础之上，是一个多学科协同运用的设计过程。从本质上讲，它属于一类典型的 CSCW 应用。它从时间/空间上可以分为 3 类，即同步、分布式同步、异步。同步即设计者在同一时间、同一地点进行协同设计，如会议室、电子黑板等；分布式同步是在同一时间、不同地点进行协同设计，如共享 CAD、视频会议系统等；异步则是不同时间、同一地点的协同设计，如文件管理、公告版等。

（4）虚拟样机协同仿真技术

大型复杂产品，如汽车、铁路车辆等，通常是一个复杂的大系统，由成千上万个零部件、子系统组成，而每一个零部件、子系统自身可能又是由其他零部件组成的复杂系统。复杂产品通常涉及机械、控制、电子、液压、气动、软件等多个学科领域。这些不同学科领域的零部件、子系统相互作用，作为一个有机的整体，向人们展示产品的外观，实现产品的各种功能，实现在各种不同环境、在人的各种不同操作下的产品行为，从而满足人们对复杂产品外观、功能和行为的严格要求。

（5）虚拟样机管理技术

虚拟样机系统已成为一项复杂的系统工程，涉及大量的数据、模型、工具、流程及人员，如何在产品开发过程中保证对多学科团队、产品数据、模型、工具、流程等资源的有效组织和管理，使它们优化运行，实现信息集成和过程集成，达到在正确的时间，把正确的数据按正确的方式传递给正确的人，以支持各领域设计人员之间的协同工作，是虚拟样机管理技术的关键。其内容包括 IPT 团队的组建与管理，虚拟产品数据、模型的管理，虚拟样机开发流程的建立、重组优化与管理，复杂虚拟样机系统项目管理等方面。

（6）虚拟样机集成支撑环境技术

虚拟样机集成支撑环境应是一个支持并管理产品全生命周期虚拟化设计过程与性能评估活动，支持分布、异地的团队采用协同 CAX/DFX 技术来开发和实施虚拟样机系统集成的应用系统/软件套件，它通常是一个包括了多个层次的网络软、硬件应用环境。能够提供对数据、模型的存储和管理功能，同时支持团队/组织、过程、虚拟产品数据/模型和项目的管理与优化，支持不同工具、应用系统的集成，支持并行工程方法。

1.4　园林机械手的性能要求

园林机械手的性能要求包括工作范围要求、作业功能要求及工作载荷要求。工作范围要求即要求园林机械手能够适应不同绿化带宽度及绿篱树木高度；作业功能要求即要求园林机械手能够完成常见的绿化几何形状的造型修剪及不同位置、高度的绿篱面修剪；工作载荷要求即要求园林机械手的强度、刚度能够满足正常工作情况时的载荷要求。

1.4.1　工作范围要求

绿篱的类型分为高大绿篱、高绿篱、绿篱和矮绿篱。高大绿篱的高度为1.6～1.8 m，主要作用是遮光以防止相向行驶的车辆车灯眩光，此外还起预示线型、引导视线的作用；高绿篱的高度为 1.2～1.6 m，人的视线可通过，但人体不能跳跃而过；绿篱的高度为0.5～1.2 m，人体较费力才能跨过；矮绿篱的高度在0.5 m以下，人体可以毫不费力地跨越[9, 10]。高速路常以高大绿篱作为中央分车绿带，而城市道路绿篱则呈现多样化分布。

道路绿带根据其布设位置的不同分为中央分车绿带、两侧分车绿带和行道树绿带等。为了减轻快速相向行驶的车辆给驾驶人员带来的危险感，保证行车安全，城市快速路的中央分车绿带应不小于 3.0 m。城市主干道上的空气污染严重，适宜采用乔木、灌木及地被植物等混交种植的模式，且城市主干道的中央分车绿带不宜小于2.5 m。行道树种植和维护管理所需用地的宽度最小为1.5 m，因此，行道树绿带宽度应大于 1.5 m。此外要求分车绿化带配置的植物应当形式简洁、排列一致、树形整齐，并且乔木树干的中心至机动车道路缘石外侧距离应当大于0.75 m[11]。

典型的城市主干道四幅路横断面布置见图1-2，中央分车绿带宽度是3 m，两侧分车绿带（即左侧分车绿带与右侧分车绿带）的宽度是2 m。

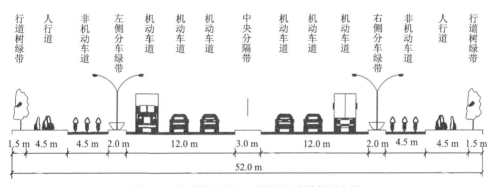

图1-2　典型的城市主干道四幅路横断面布置

1.4.2　作业功能要求

公路绿化带经常交叉种植不同品种及树形的景观树木，或者采用不同的绿篱，以避免公路的景致过于单调，减轻行车的疲劳感，保障行车安全。整形式绿篱指通过人工整枝修剪，将篱体修剪成各种几何形体或装饰形体。整形式绿篱最普通的样式是标准水平式，即将绿篱的顶面修剪成水平面。此外，根据绿篱的断面形状，绿篱几何形体常见的有柱形、方形、球形、圆台形、杯形和圆顶形，因此，对于园林机械手，要求其既能进行标准水平式的修剪，也能进行常见的柱形、方形、球形及圆台形等造型的修剪，如图 1-3 所示。

图 1-3　常见绿篱篱体断面形状

1.4.3　工作载荷要求

园林机械手在进行修剪作业时，主要受到自身的重力、运动惯性载荷及切割时树枝对刀具的阻力。重力跟园林机械手的结构有关，而运动惯性载荷不仅跟园林机械手的结构有关，还跟其运动控制因素（如运动加速度）有关。

切割时树枝对刀具的阻力可以通过实验进行测量，已经有研究人员对修剪时的切割阻力进行了大量的实验研究。

1. 树枝的切割阻力

广西大学李贝对公路绿篱修剪刀具的研究中，通过搭建试验台架以模拟公路真实的绿篱切割情况（图 1-4），用正交试验设计方法，以割断率和劈裂率作为评价指标对影响公路绿篱修剪切割质量的 3 个试验因素（枝条直径、小车的前进速度和刀盘转速）进行了正交试验分析。同时通过拉压力传感器对切割阻力进行测量，通过 DH5922 动态信号测试分析系统进行实时动态数据记录。以切割阻力作为评价指标，对影响切割阻力大小的 3 个因素进行正交试验分析。通过切割模拟试验，对试验数据进行极差分析，得到各因素的最佳组合。

通过对切割试验效果的比较，可知刀盘转速在 3000 r/min 左右时，割断率和劈裂率比较好，切割断面光滑，满足了断面质量的要求，因此选择 3000 r/min 作为修剪机作业的转速。为了推算修剪机最大切割阻力的大小，选用直径为 40 mm 的枝条作为试验对象。小车行驶速度取 4 km/h，对切割阻力和枝条数量的关系进行了实验测量。由图 1-5 可以看出，当枝条为 1 根时，切割阻力约为 100 N；当枝条为 2 根时，切割阻力约为 185 N；当枝条为 3 根时，切割阻力约为 275 N；当枝条为 4 根时，切割阻力约为 368 N。

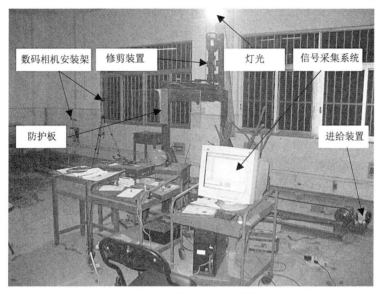

图 1-4 绿篱刀具实验系统

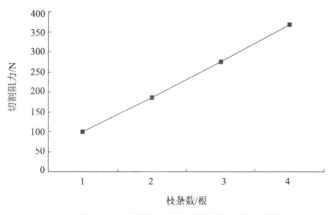

图 1-5 切割阻力与枝条数量关系曲线图

2. 枝条密度的统计

在对公路的绿篱树木的枝条密度进行数据统计之前，先做如下约定：第一，枝条截面不是圆截面的，以圆截面代替非圆截面，取截面最大直径和最小直径的中值作为截面的直径；第二，抽样位置的绿篱生长良好，无病死等状况；第三，抽样水平面距离根部 0.6 m。

作者在南宁市某路段进行抽样调查，以 m² 为单位，统计每平方米内树枝的截面总面积，分别抽取了 50 组数据。南宁市该路段的抽样调查结果见表 1-1。

表 1-1　南宁市某路段绿篱树枝分布密度抽样数据

各组分布密度范围 $b_{i-1} \sim b_i$ /%	各组分布密度中值 x_i^* /%	频数 m_i	频率 p_i
5.0～6.0	5.5	2	0.04
6.0～7.0	6.5	2	0.04
7.0～8.0	7.5	8	0.16
8.0～9.0	8.5	13	0.26
9.0～10.0	9.5	12	0.24
10.0～11.0	10.5	9	0.18
11.0～12.0	11.5	3	0.06
12.0～13.0	12.5	1	0.02

在表 1-1 中，在每一组数据中以中值为代表，中值的数据单位为百分之平方米，表示每一平方米面积的绿篱中树枝截面总面积所占的百分比。表中平均绿篱枝条的分布密度为

$$\bar{x} = \frac{1}{n} \sum_{i=1}^{8} m_i x_i^* = \frac{450}{90} \ (\%) = 9.0 \ (\%)$$

表 1-1 中，抽样数据绿篱枝条的最大分布密度是 12.5%，最大工作载荷设定为平均分布密度的二倍值，即

$$x_{\max} = 2\bar{x} = 18.0 \ (\%) > 12.5 \ (\%)$$

刀具的修剪幅宽为 1.0 m，按照极限情况推算，假定在切割枝条时所有枝条的直径都为 0.03 m，枝的分布密度为 18.0%，则相当于同时切割 $1000 \times 18\% \div 40 = 4.5$ 根树枝，取单根枝条对刀具的作用阻力为 100 N，则推算出刀具的最大切割阻力约为 450 N。

1.5 园林机械手设计方案

1.5.1 园林机械手的总体方案

园林机械手结构是由若干刚性杆件通过移动关节或旋转关节首尾相连组成的开链机构,采用 D-H 方法进行运动学求解。

图 1-6 为景观园林机械手及承载车的结构简图,包括承载车和装在承载车上方的具有 5 个自由度、6 个活动度的园林机械手。景观园林机械手包括旋转转盘、主升降机构、伸缩机构、旋转机构、刀具升降机构和刀具倾斜角度调整机构,修剪刀具装在刀具倾斜角度调整机构的输出端。

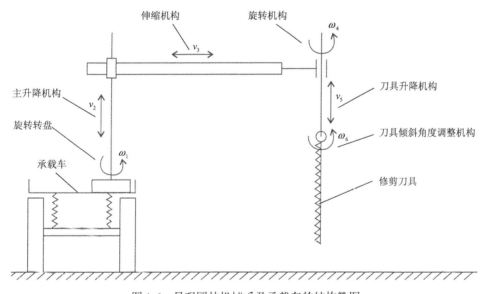

图 1-6 景观园林机械手及承载车的结构简图

图 1-7 是景观园林机械手进行圆柱造型修剪的示意图。对圆柱形树木侧面修剪时,园林机械手控制修剪刀具摆至竖直位置,通过伸缩机构和转盘的联合运动,使刀具绕树木中心做圆周运动,当圆柱形树木侧面较长时,将修剪刀具降低一定高度后再绕树木中心做一次圆周运动,即可完成一个圆柱侧面的修剪。其运动学在第 2 章详述。景观园林机械手控制系统依据需求采用 ARM9 和 stm32 上、下位

机结构。该部分在第 5 章进行详述。

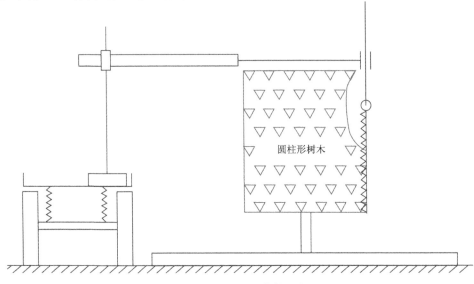

圆柱形树木

图 1-7　圆柱形树木修剪示意图

1.5.2　园林机械手基本组成

景观园林机械手通过机械手直接操作修剪刀具进行各种轨迹的运动，完成相应的几何造型。修剪作业过程中可能遇到不可预测的过大载荷，要求机械手应具备有过载保护的功能。

如图 1-8 所示，旋转底盘固定安装在承载车上，主升降机构固定安装在旋转底盘的上端，虽然旋转底盘能够进行无数圈的旋转，但为了避免线路发生缠绕，旋转底盘应控制在 360°的范围内回转；伸缩机构与主升降机构连接，使伸缩机构能够随着一起上升或下降；伸缩机构的末端安装有过载保护机构以实现过载保护的功能；旋转机构与过载防护机构的末端固定连接，其作用是使修剪刀具能够绕着旋转机构的竖直旋转轴进行任意角度的旋转；刀具升降机构穿插过旋转机构，其作用是能够驱使修剪刀具在竖直方向上升或下降；刀具倾斜角度调整机构固定安装在刀具升降机构的下端，其作用是使修剪刀具的倾斜角度可以任意调整；修剪刀具固定在刀具倾斜度调整机构的输出轴端。旋转底盘、主升降机构、伸缩机构、旋转机构、刀具升降机构和刀具倾斜度调整机构使园林机械手拥有 5 个自由度并具有 6 个活动度。园林机械手控制系统的作用是根据上位机发出的控制指令对机械手机构本体进行控制，完成园林和景观造型的各种动作。

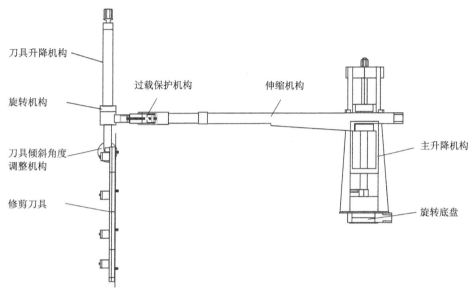

图 1-8　景观园林机械手的结构图

第 2 章 园林机械手复杂曲面的运动学分析与轨迹规划

2.1 园林机械手运动学问题概述

园林机械手结构是由若干刚性杆件通过移动关节或旋转关节首尾相连组成的开链机构，其起始端固定连接在承载车上，末端连接修剪刀具，用以在工作空间范围内修剪绿篱。通过各关节的相对运动，使机械手末端修剪刀具达到不同的位姿，从而完成期望的修剪任务。园林机械手的运动学分析是研究关节变量和末端修剪刀具的位姿之间的关系，为园林机械手的运动控制提供分析的方法和手段，是控制系统研究的基础。园林机械手运动学分析涉及正问题和逆问题[13]。

（1）正问题：知道园林机械手各杆件的几何参数及各杆件相对的关节变量值，求解园林机械手修剪刀具相对于参考坐标系的位姿。

（2）逆问题：知道园林机械手修剪刀具位姿和园林机械手各杆件的几何参数，求解关节变量值。园林机械手运动学逆问题是园林机械手运动控制编程的基础。

运动学的两类问题的关系如图 2-1 所示。

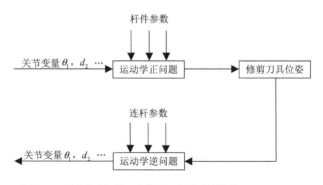

图 2-1　园林机械手运动学正、逆问题关系

2.2　改进 D-H 方法

2.2.1　D-H方法介绍

为了描述相邻连杆之间的关系，1955 年，Denavit 和 Hatenberg 提出了一种可以唯一描述运动链中的结构的方法，即 D-H 方法。1986 年，Khalil 和 Kleinfinger 提出了一种改进的 D-H 方法，此方法与原 D-H 方法区别在于建立坐标系时坐标原点和坐标轴的选取不同，即改进的 D-H 方法使坐标原点和坐标轴前置，并且在不符合基本原则的情况下使参数尽可能为零，这样后面的计算会更加简单；而原 D-H 方法仅使坐标原点和坐标轴后置。通过比较，发现改进的 D-H 方法描述的运动学计算比较简单，建模更方便。因此本书采用改进的 D-H 方法描述园林机械手的运动学方程。

2.2.2　改进的D-H方法连杆坐标系的描述

在各连杆上分别建立一个坐标系，就可以确定园林机械手各连杆之间的相对运动关系。建立的基坐标系记为{0}，在连杆 i 建立的坐标系记为{i}。改进的 D-H 方法规则如下。

1. 中间连杆坐标系

Z_{i-1} 轴：沿关节 $i-1$ 轴向，指向根据实际情况而定。

X_{i-1} 轴：连杆 $i-1$ 两关节轴线的公法线，方向由关节 $i-1$ 指向关节 i。

Y_{i-1} 轴：由右手定则确定，即 $Y_{i-1} = Z_{i-1} \times X_{i-1}$。

原点 O_{i-1}：在过 Z_{i-1} 与 Z_i 的公法线上，当 Z_{i-1} 与 Z_i 平行，选择 $d_i = 0$ 的位置，当 Z_{i-1} 与 Z_i 相交，选择两轴相交的点。

2. 基坐标系和末端坐标系

基坐标系{0}建立在承载车上，作为整个园林机械手的参考坐标系，用来描述机械手的运动。对于基坐标系{0}选择，一般选择方便计算分析的，当关节 1 变量值为零时，坐标系{0}与坐标系{1}重合。末端坐标系{n}的选择，对于旋转关节 n，

取 X_n 与 X_{n-1} 重合，坐标系{n}的原点 O_n 选择 $d_n=0$ 的位置；对于移动关节 n，坐标系{n}设定 $\theta_n=0$，并且 $d_n=0$ 时，X_n 与 X_{n-1} 重合。

由前面的叙述原则建立的坐标系，定义连杆参数如下（图2-2）：

①杆件扭角 α_{i-1} 定义：从 Z_{i-1} 到 Z_i 绕 X_{i-1} 旋转的角度；

②杆件长度 a_{i-1} 定义：从 Z_{i-1} 到 Z_i 沿 X_{i-1} 测量的距离；

③关节距离 d_i 定义：从 X_{i-1} 到 X_i 沿 Z_{i-1} 测量的距离；

④关节角 θ_i 定义：从 X_{i-1} 到 X_i 绕 Z_i 旋转的角度。

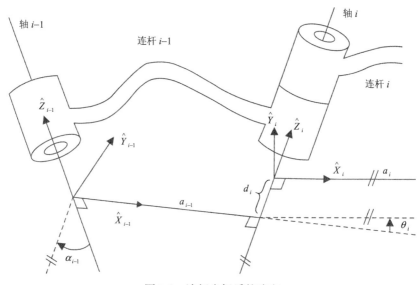

图2-2　连杆坐标系的确定

2.2.3　改进D-H方法的参数确定的齐次变换矩阵

建立全部连杆的坐标系之后，相邻连杆 $i-1$ 和 i 之间的变换关系可以用旋转和平移来实现。具体步骤如下：

（1）绕 X_{i-1} 轴旋转 α_{i-1}；

（2）沿 X_{i-1} 轴移动 a_{i-1}；

（3）沿 Z_i 轴移动 d_i；

（4）绕 Z_i 轴旋转 θ_i。

在整个变换过程中，坐标系 i 是坐标系 $i-1$ 通过旋转或平移得到的，这个过程可以用4个齐次变换 $^{i-1}_iT$ 表示，其关系式如下：

$$\begin{aligned}
{}_{i}^{i-1}\boldsymbol{T} &= \mathrm{rot}(x,\alpha_i)\mathrm{trans}(x,a_i)\mathrm{trans}(z,d_i)\mathrm{rot}(z,\theta_i) \\
&= \begin{bmatrix} \cos\theta_i & -\sin\theta_i & 0 & a_i \\ \sin\theta_i\cos\alpha_i & \cos\theta_i\cos\alpha_i & -\sin\alpha_i & -d_i\sin\alpha_i \\ \sin\theta_i\sin\alpha_i & \cos\theta_i\sin\alpha_i & \cos\alpha_i & d_i\cos\alpha_i \\ 0 & 0 & 0 & 1 \end{bmatrix}
\end{aligned} \tag{2-1}$$

园林机械手连杆 5 坐标标系与连杆 $i-1$ 坐标系的关系可由 ${}^{i-1}\boldsymbol{T}_5$ 表示为

$$ {}^{i-1}\boldsymbol{T}_5 = {}_{i}^{i-1}\boldsymbol{T}\,{}_{i+1}^{i}\boldsymbol{T}\cdots{}_{5}^{4}\boldsymbol{T} \tag{2-2}$$

园林机械手末端对基座的关系 $\boldsymbol{T}_5$ 表示为

$$ \boldsymbol{T}_5 = {}_{1}^{0}\boldsymbol{T}\,{}_{2}^{1}\boldsymbol{T}\,{}_{3}^{2}\boldsymbol{T}\,{}_{4}^{3}\boldsymbol{T}\,{}_{5}^{4}\boldsymbol{T} \tag{2-3}$$

式（2-3）称为园林机械手运动学方程，它描述了园林机械手修剪刀具相对于基坐标系的总变换关系；也是修剪刀具在参考坐标系中的位姿。对该矩阵分析：前 3 列表示手部姿态，第 4 列表示手部中心点的位置。可写成如下形式：

$$ \boldsymbol{T}_5 = \begin{bmatrix} {}_{n}^{0}R & {}_{n}^{0}P \\ 0 & 1 \end{bmatrix} = \begin{bmatrix} n_x & o_x & a_x & p_x \\ n_y & o_y & a_y & p_y \\ n_z & o_z & a_z & p_z \\ 0 & 0 & 0 & 1 \end{bmatrix} \tag{2-4}$$

2.3 园林机械手运动学方程的建立

2.3.1 园林机械手参数及其坐标系的建立

本书讨论的 5 自由度园林机械手包括 3 个旋转关节、2 个移动关节。结合园林机械手结构本体，对园林机械手运动学分析。采用改进的 D-H 方法建立园林机械手的连杆坐标系，如图 2-3 所示。

在图 2-3 中，为了便于计算，使基坐标系{0}和第一连杆坐标系{1}重合。将第一连杆的上端点选为原点，关节 1 的轴线与 Z_0、Z_1 轴共线，选取指向读者的方向为 X_0、X_1 轴，通过右手定则确定 Y_0、Y_1 轴。对于末端坐标系{5}选择第五关节轴

线方向为 Z_5 坐标轴，选取指向读者的方向为 X_5 坐标轴，通过右手定则确定 Y_5 坐标轴。

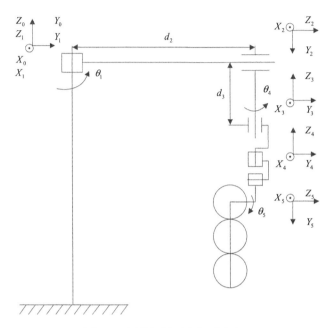

图 2-3　园林机械手坐标系建立

建立连杆坐标系后，按照改进的 D-H 方法确定连杆参数，见表 2-1。

表 2-1　园林机械手改进的 D-H 参数表

连杆	扭角 α_{i-1}	a_{i-1}	转角 θ	d_i	$\sin\alpha_{i-1}$	$\cos\alpha_{i-1}$
1	0°	0	θ_1	0	0	1
2	-90°	0	0°	d_2	-1	0
3	-90°	0	0°	d_3	-1	0
4	0°	0	θ_4	0	0	1
5	90°	0	θ_5	0	1	0

2.3.2　园林机械手正运动学方程

相邻连杆位姿可以由园林机械手坐标系和改进的 D-H 参数表计算，即求解变换矩阵 ${}^{i-1}_{i}\boldsymbol{T}$（$i=1,2,3,4,5$）。根据式（2-20）和表 2-1 中改进的 D-H 参数，得到各连杆变换矩阵如下：

$$
{}^0_1\boldsymbol{T} = \begin{bmatrix} \cos\theta_1 & -\sin\theta_1 & 0 & 0 \\ \sin\theta_1 & \cos\theta_1 & 0 & 0 \\ 0 & 0 & 1 & 0 \\ 0 & 0 & 0 & 1 \end{bmatrix}
\qquad
{}^1_2\boldsymbol{T} = \begin{bmatrix} 1 & 0 & 0 & 0 \\ 0 & 0 & 1 & d_2 \\ 0 & -1 & 0 & 0 \\ 0 & 0 & 0 & 1 \end{bmatrix}
$$

$$
{}^2_3\boldsymbol{T} = \begin{bmatrix} 1 & 0 & 0 & 0 \\ 0 & 0 & 1 & d_3 \\ 0 & -1 & 0 & 0 \\ 0 & 0 & 0 & 1 \end{bmatrix}
\qquad
{}^3_4\boldsymbol{T} = \begin{bmatrix} \cos\theta_4 & -\sin\theta_4 & 0 & 0 \\ \sin\theta_4 & \cos\theta_4 & 0 & 0 \\ 0 & 0 & 1 & 0 \\ 0 & 0 & 0 & 1 \end{bmatrix}
$$

$$
{}^4_5\boldsymbol{T} = \begin{bmatrix} \cos\theta_5 & -\sin\theta_5 & 0 & 0 \\ 0 & 0 & -1 & 0 \\ \sin\theta_5 & \cos\theta_5 & 0 & 0 \\ 0 & 0 & 0 & 1 \end{bmatrix}
$$

各连杆变换矩阵相乘，得到园林机械手的变换矩阵：

$$
{}^0\boldsymbol{T}_5 = {}^0_1\boldsymbol{T}(\theta_1)\,{}^1_2\boldsymbol{T}(d_2)\,{}^2_3\boldsymbol{T}(d_3)\,{}^3_4\boldsymbol{T}(\theta_4)\,{}^4_5\boldsymbol{T}(\theta_5) \tag{2-5}
$$

令 $c_i = \cos\theta_i$，$s_i = \sin\theta_i$，则

$$
{}^3_5\boldsymbol{T} = {}^3_4\boldsymbol{T}\,{}^4_5\boldsymbol{T} = \begin{bmatrix} c_4 & -s_4 & 0 & 0 \\ s_4 & c_4 & 0 & 0 \\ 0 & 0 & 1 & 0 \\ 0 & 0 & 0 & 1 \end{bmatrix}\begin{bmatrix} c_5 & -s_5 & 0 & 0 \\ 0 & 0 & -1 & 0 \\ s_5 & c_5 & 0 & 0 \\ 0 & 0 & 0 & 1 \end{bmatrix} = \begin{bmatrix} c_4 c_5 & -c_4 s_5 & s_4 & 0 \\ s_4 c_5 & s_4 s_5 & -c_4 & 0 \\ s_5 & c_5 & 0 & 0 \\ 0 & 0 & 0 & 1 \end{bmatrix} \tag{2-6}
$$

$$
{}^2_5\boldsymbol{T} = {}^2_3\boldsymbol{T}\,{}^3_5\boldsymbol{T} = \begin{bmatrix} 1 & 0 & 0 & 0 \\ 0 & 0 & 1 & d_3 \\ 0 & -1 & 0 & 0 \\ 0 & 0 & 0 & 1 \end{bmatrix}\begin{bmatrix} c_4 c_5 & -c_4 s_5 & s_4 & 0 \\ s_4 c_5 & s_4 s_5 & -c_4 & 0 \\ s_5 & c_5 & 0 & 0 \\ 0 & 0 & 0 & 1 \end{bmatrix}
$$

$$
= \begin{bmatrix} c_4 c_5 & -c_4 s_5 & s_4 & 0 \\ s_5 & c_5 & 0 & d_3 \\ -s_4 c_5 & s_4 s_5 & c_4 & 0 \\ 0 & 0 & 0 & 1 \end{bmatrix} \tag{2-7}
$$

$$
{}_5^1T = {}_2^1T\,{}_5^2T = \begin{bmatrix} 1 & 0 & 0 & 0 \\ 0 & 0 & 1 & d_2 \\ 0 & -1 & 0 & 0 \\ 0 & 0 & 0 & 1 \end{bmatrix}\begin{bmatrix} c_4c_5 & -c_4s_5 & s_4 & 0 \\ s_5 & c_5 & 0 & d_3 \\ -s_4c_5 & s_4s_5 & c_4 & 0 \\ 0 & 0 & 0 & 1 \end{bmatrix}
$$

$$
= \begin{bmatrix} c_4c_5 & -c_4s_5 & s_4 & 0 \\ -s_4c_5 & s_4s_5 & c_4 & d_2 \\ -s_5 & -c_5 & 0 & -d_3 \\ 0 & 0 & 0 & 1 \end{bmatrix} \tag{2-8}
$$

$$
{}_5^0T = {}_1^0T\,{}_5^1T = \begin{bmatrix} c_1 & -s_1 & 0 & 0 \\ s_1 & c_1 & 0 & 0 \\ 0 & 0 & 1 & 0 \\ 0 & 0 & 0 & 1 \end{bmatrix}\begin{bmatrix} c_4c_5 & -c_4s_5 & s_4 & 0 \\ -s_4c_5 & s_4s_5 & c_4 & d_2 \\ -s_5 & -c_5 & 0 & -d_3 \\ 0 & 0 & 0 & 1 \end{bmatrix}
$$

$$
= \begin{bmatrix} n_x & o_x & a_x & p_x \\ n_y & o_y & a_y & p_y \\ n_z & o_z & a_z & p_z \\ 0 & 0 & 0 & 1 \end{bmatrix} \tag{2-9}
$$

$$
\left.\begin{aligned} n_x &= c_1c_4c_5 + s_1s_4c_5 \\ n_y &= s_1c_4c_5 - c_1s_4c_5 \\ n_z &= -s_5 \\ o_x &= -c_1c_4s_5 - s_1s_4s_5 \\ o_y &= -s_1c_4s_5 + c_1s_4s_5 \\ o_z &= -c_5 \\ a_x &= c_1s_4 - s_1c_4 \\ a_y &= s_1s_4 + c_1c_4 \\ a_z &= 0 \\ p_x &= -s_1d_2 \\ p_y &= c_1d_2 \\ p_z &= -d_3 \end{aligned}\right\} \tag{2-10}
$$

式（2-9）表示园林机械手变换矩阵 ${}_5^0T$，表述了园林机械手末端修剪刀具坐标系{5}在基坐标系{0}的位置和姿态，是正运动学方程，同时也是园林机械手运动学分析的基础。

为了验证所得 ${}_5^0T$ 的正确性，计算当 $\theta_1 = 0°, d_2 = 1200\ \mathrm{mm}, d_3 = 300\ \mathrm{mm}, \theta_4 = 0°,$

$\theta_5 = 90°$ 时园林机械手变换矩阵的值。计算值为

$$
{}_5^0\boldsymbol{T} = \begin{bmatrix} 0 & -1 & 0 & 0 \\ 0 & 0 & 1 & 1200 \\ -1 & 0 & 0 & -300 \\ 0 & 0 & 0 & 1 \end{bmatrix}
\tag{2-11}
$$

　　式（2-11）中，从旋转矩阵可以看出园林机械手末端修剪刀具位姿相对于基坐标系发生了变化，即末端修剪刀具坐标系{5}的坐标原点相对于基坐标系{0}的位置是 $\begin{bmatrix} 0 & 1200 & -300 & 1 \end{bmatrix}^T$；末端修剪刀具坐标系{5}的 X 轴与基坐标系{0}的 Z 轴反向 $\begin{bmatrix} 0 & 0 & -1 & 0 \end{bmatrix}^T$；末端修剪刀具坐标系{5}的 Y 轴与基坐标系{0}的 X 轴反向 $\begin{bmatrix} -1 & 0 & 0 & 0 \end{bmatrix}^T$；末端修剪刀具坐标系{5}的 Z 轴与基坐标系{0}的 Y 轴同向 $\begin{bmatrix} 0 & 1 & 0 & 0 \end{bmatrix}^T$；和式 2-9 表达的情形相符，说明了园林机械手正运动学方程的正确性。

2.3.3　园林机械手逆运动学求解

　　园林机械手逆运动学的求解有很多种方法，如 Pieper 和 Roth 提出了 Pieper 解法[14]，Paul 等提出了反变换法[15]。由于园林机械手的机构比较简单，可以利用正运动学方程和末端修剪刀具的位姿方程列等式求解。

1. 求 θ_1

令式（2-4）式（2-9）两端元素（1,4）和（2,4）分别对应相等，可得

$$
p_x = -s_1 d_2
\tag{2-12}
$$

$$
p_y = c_1 d_2
\tag{2-13}
$$

令式（2-12）和式（2-13）相除得

$$
\tan\theta_1 = -\frac{p_x}{p_y}
\tag{2-14}
$$

$$
\theta_1 = A\tan 2\left(-\frac{p_x}{p_y}\right)
\tag{2-15}
$$

2. 求 d_2

令式（2-12）和式（2-13）两边分别平方后相加，得

$$p_x{}^2 + p_x{}^2 = d_2{}^2 \tag{2-16}$$

$$d_2 = \sqrt{p_x{}^2 + p_y{}^2} \tag{2-17}$$

3. 求 d_3

令式（2-4）和式（2-9）两端元素（3,4）对应相等，得

$$p_z = -d_3 \tag{2-18}$$

$$d_3 = -p_z \tag{2-19}$$

4. 求 θ_4

令式（2-4）和式（2-9）两端元素（1,3）和（2,3）分别对应相等，得

$$a_x = -\sin(\theta_1 - \theta_4) \tag{2-20}$$

$$a_y = \cos(\theta_1 - \theta_4) \tag{2-21}$$

$$\theta_1 - \theta_4 = A\tan 2\left(-\frac{a_x}{a_y}\right) \tag{2-22}$$

$$\theta_4 = \theta_1 - A\tan 2\left(-\frac{a_x}{a_y}\right) \tag{2-23}$$

5. 求 θ_5

令式（2-4）和式（2-9）两端元素（3,1）和（3,2）分别对应相等，得

$$n_z = -s_5 \tag{2-24}$$

$$o_z = -c_5 \tag{2-25}$$

因此

$$\theta_5 = A\tan 2\left(\frac{n_z}{o_z}\right) \tag{2-26}$$

为了验证逆解的正确性，将式（2-11）进行求解，得

$$\left.\begin{aligned}
\theta_1 &= 0° \\
d_2 &= 1200 \\
d_3 &= -300 \\
\theta_4 &= 0° \\
\theta_5 &= 90°
\end{aligned}\right\} \tag{2-27}$$

式（2-27）与验证正解正确性时的数据一致，从而验证了园林机械手逆运动学求解的正确性。

2.4　园林机械手运动求解的 MATLAB 仿真分析

Robotics Toolbox 是澳大利亚的 Peter I. Corke 教授在 1995 年编写的基于 MATLAB 在机器人应用开发方面特有的工具箱，能够对串联机器人和机械手的动力学、运动学及轨迹规划进行分析。本节采用 Robotics Toolbox 工具箱建立园林机械手模型，并进行运动学的正逆解运算及轨迹仿真，得到了令人满意的效果。

2.4.1　园林机械手MATLAB仿真模型

利用 Robotics Toolbox 的 link 函数建立园林机械手模型及利用 drivebot 函数获得园林机械手关节运动的空间三维图。MATLAB 程序如下：

```
clc
clear
L{1}= link([ 0 0 0 0 0],'modified');
L{2}= link([ -pi/2 0 0 1200 1],'modified');
L{3}= link([ -pi/2 0 0 0 1],'modified');
L{4}= link([0 0 0 0 0],'modified');
L{5}= link([ -pi/2 0 0 0 0],'modified');
```

```
h=robot(L);
h.name='绿篱修剪机械手';
drivebot(h);
```

运行程序后，生成园林机械手模型，如图 2-4 所示。左侧是园林机械手控制界面，右侧是在笛卡儿空间建立的园林机械手模型。通过调节控制界面的滑块，实现对园林机械手末端修剪刀具的位置和姿态调节。

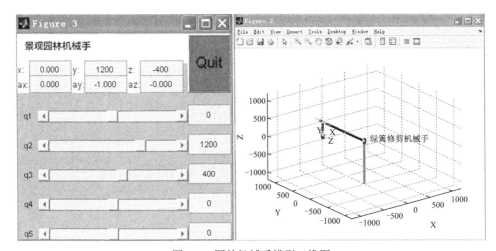

图 2-4 园林机械手模型三维图

2.4.2 园林机械手运动学求解仿真

在 MATLAB 仿真环境中，利用 Robotics Toolbox 的 link 函数能够实现运动学仿真。园林机械手末端修剪刀具在基坐标系中的空间位姿可以通过在控制界面中输入园林机械手连杆关节变量值计算，同时能够在 MATLAB 仿真环境中描绘对应园林机械手位姿的空间三维立体图。

园林机械手的轨迹规划主要有两种，本章采用关节空间点到点运动（PTP）仿真，起始点 q_a=[0 1200 0 0 0]，终点 q_b=[0.30 1300 100 -1 0.4]，在起始点和终点处园林机械手末端修剪刀具的初、末速度为零，运动时间 t=5s，采样周期 T=0.05s。

对应的程序如下：

```
t =[0: .05: 5];
qₐ=[0 1200 0 0 0];
```

```
qb=[0.30 1300 100 -1 0.4];
[q ,qd,qdd]=jtraj(qa,qb,t);
T=fkine(h,q);%正解计算
q1=ikine(h,T);%逆解计算
Plot(h,q);
```

运行这个程序后得到起始点 q_a 和终点 q_b 的正解矩阵式（2-28）和式（2-29）、逆解变量值式（2-30）和式（2-31）及机械手的位姿如图 2-5 和图 2-6 所示。MATLAB 运动学仿真程序得到的正解矩阵和逆解变量值验证了所建立的园林机械手运动学模型的正确性。

$$T(:,:,1) = \begin{bmatrix} 1 & 0 & 0 & 0 \\ 0 & 0 & -1 & 1200 \\ 0 & 1 & 0 & 0 \\ 0 & 0 & 0 & 1 \end{bmatrix} \tag{2-28}$$

$$T(:,:,101) = \begin{bmatrix} 0.3 & -0.1 & 1 & -384.2 \\ 0.9 & -0.3 & -0.3 & 1241.9 \\ 0.3 & 0.9 & 0 & 100 \\ 0 & 0 & 0 & 1 \end{bmatrix} \tag{2-29}$$

$$q_1(1) = \begin{bmatrix} 0 & 1200 & 0 & 0 & 0 \end{bmatrix} \tag{2-30}$$

$$q_1(101) = \begin{bmatrix} 0 & 1300 & 100 & -1 & 0.4 \end{bmatrix} \tag{2-31}$$

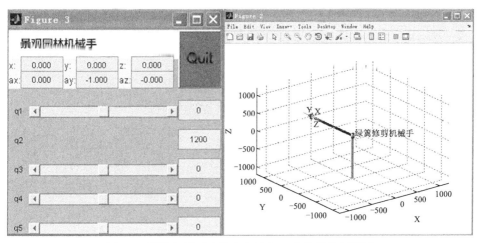

图 2-5　园林机械手末端在起始点 q_a 位姿及控制面板

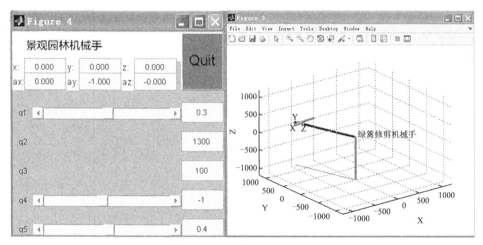

图 2-6　园林机械手末端在终点 q_b 位姿及控制面板

调用 Robotics Toolbox 中的 plot($t,q(:,i)$)、plot($t,$qd$(:,i)$)及 plot($t,$qdd$(:,i)$)函数可以绘制这个过程的各关节的位移曲线（图 2-7）、速度曲线（图 2-8）及加速度曲线（图 2-9）。

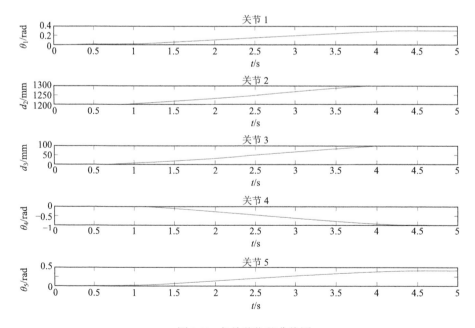

图 2-7　各关节位移曲线图

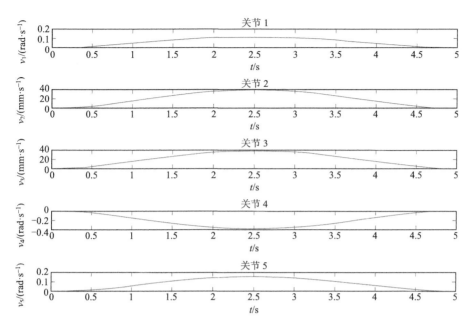

图 2-8　各关节速度曲线图

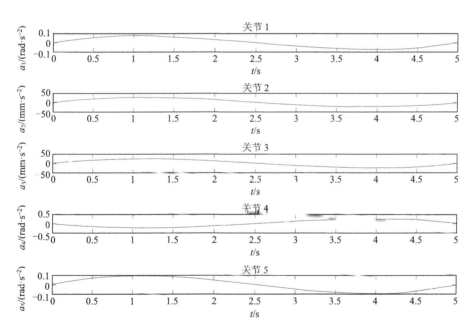

图 2-9　各关节加速度曲线图

园林机械手末端修剪刀具位移曲线平滑，速度曲线和加速度曲线连续，且速度和加速度在起始点和终点处都为零。说明整个运动过程中园林机械手的运行比较平稳，整个机构不会产生较大的振动和冲击，连杆参数的设计合理，正运动学方程及逆解算法正确。

2.5　园林机械手修剪造型轨迹规划

2.5.1　轨迹规划概述

园林机械手轨迹规划是实现园林机械手轨迹运动控制的基础，园林机械手轨迹规划的目的是根据任务要求，获得理想的运动轨迹，让机械手快速、平稳和准确地到达空间的某一个位置，完成操作人员给定的任务。

在园林机械手轨迹规划中，机械手的运动轨迹主要分为以下两种。

1. 点到点运动

点到点运动只需要确定起始点位姿和终点位姿，而不需要分析它们之间的运动路径，机械手末端在笛卡儿坐标空间有多条可能的轨迹。由于没有限制机械手末端在笛卡儿坐标空间的路径，机械手的各个关节不需要联动。

2. 连续路径规划

连续路径规划不仅需要考虑起始点位姿和终点位姿，同时以特定的姿态沿着给定路径运动，还需要计算路径中间点的位姿，这样的运动称为轮廓运动或连续轨迹运动。如弧焊、喷漆、涂胶作业及曲面加工等。

将轨迹规划器看成"黑箱"是解决轨迹规划问题的常用方法。如图 2-10 所示，q 是关节角度，$\dot{q}$ 是关节速度，t 是时间，$\ddot{q}$ 是关节加速度，P 是笛卡儿坐标系的节点，Φ 是绕接近矢量转过的角度，V 是园林机械手末端修剪刀具的线速度，Ω 是园林机械手末端修剪刀具的加速度[16]。将路径设定、路径约束和动力学约束作为变量输入后，轨迹规划器按顺序输出园林机械手运动轨迹插补点的姿态。园林机械手轨迹规划常用的方法有两种，分别是插值法和解析法。

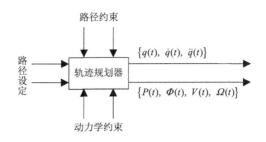

图 2-10　轨迹规划器框图

轨迹规划可以分为两种，一种是关节坐标空间轨迹规划，另一种是笛卡儿坐标空间轨迹规划[17-20]。由于园林机械手对景观进行造型（如半球形、圆柱形、圆锥形）时，要求连续的路径运动（轮廓运动），所以必须在笛卡儿坐标空间进行轨迹规划。为了使园林机械手平稳、快速、准确地运动，必须保证所涉及的轨迹函数连续且平滑。在笛卡儿坐标空间进行轨迹规划是用时间函数表达园林机械手修剪刀具的位姿、速度和加速度。

在笛卡儿坐标空间中，运用园林机械手轨迹规划的插值法，得到笛卡儿坐标空间轨迹的某些中间点的位姿。通过运动学逆解，将中间点位姿转变为园林机械手对应关节的变量值（θ_1、d_2、d_3、θ_4、θ_5），然后将关节变量值进行脉冲当量的转换，通过控制器将脉冲发送给驱动器，使其控制电机驱动关节运动，使机械手修剪刀具按照预定轨迹运动[21]，这样就完成了园林机械手自动化造型修剪的过程。这个过程如图 2-11 所示。

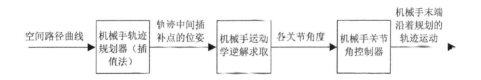

图 2-11　园林机械手笛卡儿坐标空间轨迹算法流程图

为了保证园林机械手末端修剪刀具的运动的轨迹不失真，并且园林机械手的机械机构不产生振动和冲击（易使机械部件磨损），这就要求园林机械手的各关节轴运动平稳、平滑，位移、速度和加速度连续平滑无突变。园林机械手笛卡儿空间轨迹规划是将轨迹上的轨迹点离散化，由于相邻的离散点间隔大，需要将这些离散点间插补，才能够使园林机械手的运动轨迹逼近期望轨迹。园林机械手插值法有定时插补和定距插补两种方法[22]。

（1）定时插补

通过图 2-11 可以知道，每一个插补轨迹点的坐标值经过运动学逆解转换为关节变量值，将关节变量值进行脉冲当量的转换，通过控制器将脉冲发送给驱动器使其控制电机驱动关节运动，实现位置控制。整个运动中，在规定的时间周期 T_s 内完成一次插补，即定时插补。

（2）定距插补

定距插补是规定一定的距离插补一个轨迹点。在定时插补的方法中，插补点的间距为 $p_i p_{i+1} = vT_s$，为了使两个插补点的距离恒定为一个足够小的值，则使速度 v 为匀速。定距插补方法中，插补周期 T_s 要随着修剪刀具运动的速度 v 改变而改变，才能确保插补点间距 $p_i p_{i+1} = vT_s$ 不变。

这两种插补方法的基本算法原理相同，只是定距插补为了保证轨迹插补精度，须使插补周期 T_s 随插补速度 v 的改变而改变，使得定距插补比定时插补更难实现。而定时插补时间周期 T_s 易于实现，所以本书研究采用定时插补方法。

2.5.2 园林机械手空间分析

1975 年 B.Roth 提出了工作空间的概念，引起了机械手、机器人学界和机构学界浓厚的兴趣，并且进行了深入研究和讨论。园林机械手的工作空间指园林机械手在修剪过程中，末端修剪刀具上的切割点能够到达的空间点的集合。园林机械手工作空间的尺寸表示园林机械手修剪范围。修剪范围的大小是判定园林机械手修剪性能的重要运动学指标[23]。工作空间是园林机械手控制轨迹规划和运动分析中需重点考虑的问题[24]。目前，徐礼拒、范守文和刘淑春等采用解析法求解机械手工作空间[25-27]，黄清世、杨德荣和王兴海等采用数值法求解机械手工作空间[28-30]，马香峰和段齐骏采用图解法求解机械手工作空间[31, 32]。

这些方法有如下优缺点。

（1）解析法：精确度高，计算速度快，但是不直观形象，而且非常复杂。对于分析多关节的机器人或机械手用处不大。

（2）数值法：在各关节变量的变化范围内选择多个变量值组合，通过正运动学方程求解修剪刀具切割点在基坐标的位姿，而这些位姿组合构造出园林机械手的工作范围。伴随科技发展，人们越来越喜欢采用数值法分析机械手工作空间。

（3）图解法：利用几何作图的方法对机械手结构按工作空间定义求解，图解法直观形象，但是只能用于机械手关节数少的情形，关节数增多后难以形象地绘制图形。

本节采用数值法——蒙特卡罗法（Monte carlo method）对园林机械手工作空间进行研究分析。蒙特卡罗法是一种通过随机数来解决计算问题的方法[33]。使用蒙特卡罗法会产生各种各样的概率分布的随机变量，再统计园林机械手正运动学方程求解的位姿，用以模拟园林机械手工作空间。这种方法计算速度快，能够在计算机上实现图像显示，使园林机械手的工作空间更加直观形象地显示出来。

1. 机械手工作空间的确定

根据前面求解得到的正运动学方程式（2-9）和式（2-10），其中式（2-9）中前三列表示园林机械手末端修剪刀具坐标系的三根坐标轴在参考坐标系中的位姿，最后一列表示园林机械手修剪刀具坐标系原点在参考坐标系中的位置。

当确定了园林机械手的广义关节变量 $q_i(\theta_{1i}, d_{2i}, d_{3i}\cdots)$ 时，就可以确定园林机械手工作空间，由于园林机械手结构本体中各关节变量都有取值范围，所以广义关节变量不能随意取值，必须在各关节变量的变化范围内取值，即

$$q_i^{\min}(\theta_{1i}, d_{2i}, d_{3i}\cdots) \leqslant q_i(\theta_{1i}, d_{2i}, d_{3i}\cdots) \leqslant q_i^{\max}(\theta_{1i}, d_{2i}, d_{3i}\cdots) \qquad （2-32）$$

设 P 为园林机械手末端修剪刀具刀口上的切割点，在末端坐标系中的齐次坐标为 r_{p5}，在基坐标系的坐标为 r_p，则

$$r_p = {}_5^0 T \cdot r_{p5} = \begin{cases} x_p(q_i) \\ y_p(q_i), \quad q_i^{\min} \leqslant q_i \leqslant q_i^{\max} \\ z_p(q_i) \end{cases} \qquad （2-33）$$

式中，r_p 所有点的集合就是园林机械手的工作空间。

2. 机械手工作空间求解

采用蒙特卡罗法分析园林机械手工作空间的基本方法如下。

（1）分析园林机械手正运动学方程，并由正运动学方程得到园林机械手末端修剪刀具参考点在基坐标系中的位置。

$$\boldsymbol{p} = \begin{bmatrix} p_x \\ p_y \\ p_z \end{bmatrix} = \begin{bmatrix} -s_1 d_2 \\ c_1 d_2 \\ -d_3 \end{bmatrix} \tag{2-34}$$

由位置向量可知园林机械手的末端修剪刀具参考点在空间中的位置与关节四变量 θ_4 和关节五变量 θ_5 无关。

（2）利用随机函数 $rand()$ 生成 N 个 $0 \sim 1$ 的随机数，再由最大极限和最小极限之差与随机数的乘积得到随机步距 $(q_i^{\max} - q_i^{\min}) \times rand()$ ，最后园林机械手每个关节变量随机值由有最小极限和随机步距相加得到：

$$q_i = q_i^{\min} + (q_i^{\max} - q_i^{\min}) \times rand() \tag{2-35}$$

式中，q_i 为关节变量随机值，$q_i^{\max}$、$q_i^{\min}$ 分别为关节变量的最大极限和最小极限，i 为关节数目 $(i = 1, 2, 3)$。

（3）将 N 个园林机械手关节变量随机值 q_i 代入式（2-9）的正运动学方程中，求出 N 个园林机械手末端修剪刀具参考点在基坐标系中的位置。

（4）调用 MATLAB 绘图命令，绘制园林机械手工作空间仿真图形，即可得到园林机械手的工作空间。

3. 机械手仿真结果与分析

采用 MATLAB 软件，根据蒙特卡罗法编写园林机械手仿真程序，园林机械手关节变化范围如表 2-2 所示。

表 2-2　关节参数变化范围

参数	变化范围
$\theta_1 / °$	$-45 \sim 225$
d_2 / mm	$1250 \sim 2750$
d_3 / mm	$80 \sim 2160$
$\theta_4 / °$	$0 \sim 360$
$\theta_5 / °$	$-90 \sim 0$

采用蒙特卡罗法编写的程序流程图见图 2-12。

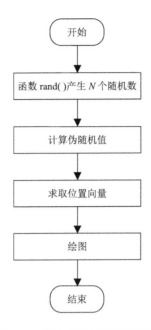

图 2-12　蒙特卡罗法程序流程图

取 N=80000，绘制园林机械手三维工作空间，如图 2-13～图 2-16 所示。其中图 2-13 是园林机械手工作空间的三维图；图 2-14 为园林机械手工作空间在 XOY 平面的投影，缺口部分为承载车所在位置，不属于工作空间；图 2-15 为园林机械手工作空间在 YOZ 平面的投影；图 2-16 为园林机械手工作空间在 XOZ 平面的投影。

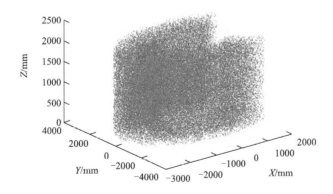

图 2-13　园林机械手工作空间的三维图

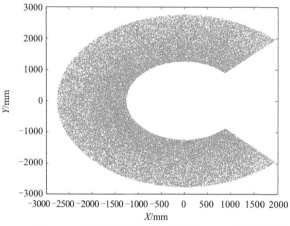

图 2-14 园林机械手工作空间在 *XOY* 平面的投影

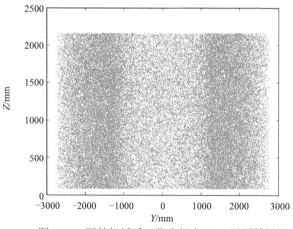

图 2-15 园林机械手工作空间在 *YOZ* 平面的投影

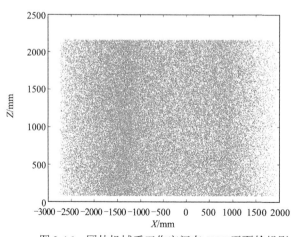

图 2-16 园林机械手工作空间在 *XOZ* 平面的投影

从仿真结果来看，MATLAB 模拟园林机械手工作空间直观、准确表达了园林机械手实际的工作空间情况，满足目前常见园林作业要求，也体现了园林机械手的机构设计的合理性，同时为后面的园林机械手轨迹规划提供参考。

2.5.3　园林机械手笛卡儿空间轨迹规划

笛卡儿空间轨迹规划是给定机械手末端修剪刀具在笛卡儿空间的每一个位姿，求解机械手对应关节变量值。笛卡儿空间轨迹规划比关节空间轨迹规划容易观察末端执行器的位姿，得到更加准确的期望路径。在笛卡儿空间进行轨迹规划有线性函数插值、圆弧插值的方法。任何轨迹都可以使用直线和圆弧紧逼靠近，因此任何轨迹的插补都可以使用直线插补和圆弧插补来完成。

1. 机械手空间直线插补算法

空间直线的轨迹规划是已经确定了直线的起始点位姿和终点位姿，求出这条直线上的中间插补点的位姿。空间直线插补如图 2-17 所示。设园林机械手末端修剪刀具由 P_A 点沿直线运动到 P_B 点，空间两点 $P_A(x_A, y_A, z_A)$ 和 $P_B(x_B, y_B, z_B)$ 为该直线的两个端点，假设两点之间的距离为 D，则两点之间的距离：

$$D = \sqrt{(x_B - x_A)^2 + (y_B - y_A)^2 + (z_B - z_A)^2} \tag{2-36}$$

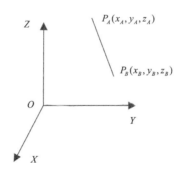

图 2-17　空间直线插补

由于定时插补易于实现，本书的研究采用定时器实现定时插补。设园林机械手修剪刀具以速度 v 匀速插补，插补周期为 T_s，则一个插补周期内运动的距离为 Δd：

$$\Delta d = vT_s \tag{2-37}$$

则第 i 点的坐标值可以通过计算得到。

插补次数 N 为

$$N = (D / \Delta d) + 1 \tag{2-38}$$

各轴的增量为

$$\begin{cases} \Delta x = (x_B - x_A) / N \\ \Delta y = (y_B - y_A) / N \\ \Delta z = (z_B - z_A) / N \end{cases} \tag{2-39}$$

则第 i 点的坐标为

$$\begin{cases} x_i = x_A + (i-1)\Delta x \\ y_i = y_A + (i-1)\Delta y \\ z_i = z_A + (i-1)\Delta z \end{cases} \quad (1 \leqslant i \leqslant N) \tag{2-40}$$

由于两点的距离 D 与插补距离 Δd 不一定能整除，则 $N \leqslant D / \Delta d$，误差为

$$\Delta l = D - N \times \Delta d \leqslant \Delta d \tag{2-41}$$

所以插补的距离 Δd 越小，插补的误差越小。

2. 机械手空间圆弧插补算法

笛卡儿空间中不在同一条直线上的三个点可以确定一个圆。若给定笛卡儿空间任意三个点，要求园林机械手末端修剪刀具沿这三个点所确定的外接圆弧运动，则这个过程中需要对圆弧进行插补。

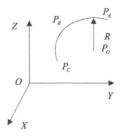

图 2-18　空间三点确定的圆弧

已知空间任意不共线三点分别为圆弧起点 $P_A(x_A, y_A, z_A)$、中间点 $P_B(x_B, y_B, z_B)$，圆弧终点 $P_C(x_C, y_C, z_C)$。如图 2-18 所示。

（1）求圆心 $P_O(x_O, y_O, z_O)$ 及半径 R。

空间任意不在同一条直线的三点 $P_A(x_A, y_A, z_A)$，$P_B(x_B, y_B, z_B)$，$P_C(x_C, y_C, z_C)$ 决定一平面 $\boldsymbol{\alpha}$，则平面 $\boldsymbol{\alpha}$ 的方程为

$$\begin{vmatrix} x_A & y_A & z_A & 1 \\ x_B & y_B & z_B & 1 \\ x_C & y_C & z_C & 1 \\ x & y & z & 1 \end{vmatrix} = 0 \tag{2-42}$$

由 $|P_A P_O| = |P_B P_O|$ 和 $|P_B P_O| = |P_C P_O|$ 可得

$$\sqrt{(x_A - x_O)^2 + (y_A - y_O)^2 + (z_A - z_O)^2} = \sqrt{(x_B - x_O)^2 + (y_B - y_O)^2 + (z_B - z_O)^2} \tag{2-43}$$

$$\sqrt{(x_B - x_O)^2 + (y_B - y_O)^2 + (z_B - z_O)^2} = \sqrt{(x_C - x_O)^2 + (y_C - y_O)^2 + (z_C - z_O)^2} \tag{2-44}$$

联立式（2-42）～式（2-44）求出圆心 $O(x_O, y_O, z_O)$。

由半径 $R = |P_A P_O|$ 得

$$R = \sqrt{(x_A - x_O)^2 + (y_A - y_O)^2 + (z_A - z_O)^2} \tag{2-45}$$

（2）求圆弧平面 $\boldsymbol{\alpha}$ 的两个法向量 $\vec{n}(a, b, c)$ 和 $\vec{n_1}(a_1, b_1, c_1)$。

$\vec{n} = \overrightarrow{P_A P_B} \times \overrightarrow{P_B P_C} = \boldsymbol{a}_i + \boldsymbol{b}_j + \boldsymbol{c}_k$，则法向量 $\vec{n}$ 在坐标轴的各分量为

$$\begin{cases} a = (y_B - y_A)(z_C - z_B) - (y_C - y_B)(z_B - z_A) \\ b = (x_C - x_B)(z_B - z_A) - (x_B - x_A)(z_C - z_B) \\ c = (x_B - x_C)(y_C - y_B) - (x_C - x_B)(y_B - y_A) \end{cases} \tag{2-46}$$

$\vec{n_1} = \overrightarrow{P_O P_A} \times \overrightarrow{P_A P_C} = \boldsymbol{a}_{1i} + \boldsymbol{b}_{1j} + \boldsymbol{c}_{1k}$，则法向量 $\vec{n_1}$ 在坐标轴的各分量为

$$\begin{cases} a_1 = (y_A - y_O)(z_C - z_A) - (y_C - y_A)(z_A - z_O) \\ b_1 = (x_C - x_A)(z_A - z_O) - (x_A - x_O)(z_C - z_A) \\ c_1 = (x_A - x_O)(y_C - y_A) - (x_C - x_A)(y_A - y_O) \end{cases} \tag{2-47}$$

（3）求 P_OP_A 与 P_OP_C 之间的夹角 θ 。

在空间三点不共线的情况下，如图 2-19 所示。

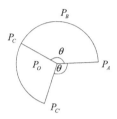

图 2-19　圆心角计算

$$d_1 = P_AP_C = \sqrt{(x_C - x_A)^2 + (y_C - y_A)^2 + (z_C - z_A)^2} \qquad (2\text{-}48)$$

$$\theta = 2\arcsin\left(\frac{d_1}{2R}\right) \qquad (2\text{-}49)$$

设 $s = \vec{n} \cdot \vec{n_1}$ ：

当 $s \geqslant 0$ 时，法向量 $\vec{n}$ 和法向量 $\vec{n_1}$ 方向相同，此时 $\theta \leqslant \pi$ ，则 $\theta = 2\arcsin(d_1 / 2R)$ ；

当 $s < 0$ 时，法向量 $\vec{n}$ 和法向量 $\vec{n_1}$ 方向相反，此时 $\theta > \pi$ ，则 $\theta = 2\pi - 2\arcsin(d_1 / 2R)$ 。

（4）求步距角 φ 。每次插补的步距角 φ 恒定不变，设插补速度为 V ，插补时间为 T ，则

$$\varphi = 2\arcsin(\frac{VT}{2R}) \approx \frac{VT}{R} \qquad (2\text{-}50)$$

（5）求插补次数 N 。插补次数不包括 p_A 点，则有

$$N = \frac{\theta}{\varphi} + 1 \qquad (2\text{-}51)$$

（6）求插补递推公式。

如图 2-20 所示，圆弧上一点 $P_i(x_i, y_i, z_i)$ ，设此点法向量为 $\vec{n}(a,b,c)$ ，沿前进方向的切向量 $\vec{m}(e_i, f_i, g_i)$ ，由于 $\vec{m} = \vec{n} \times \overrightarrow{P_OP_i}$ ，则 $\vec{m}$ 各轴的分向量为

$$\begin{cases} \boldsymbol{e}_i = \boldsymbol{b}(z_i - z_o) - \boldsymbol{c}(y_i - y_o) \\ \boldsymbol{f}_i = \boldsymbol{c}(x_i - x_o) - \boldsymbol{a}(z_i - z_o) \\ \boldsymbol{g}_i = \boldsymbol{a}(y_i - y_o) - \boldsymbol{b}(x_i - x_o) \end{cases} \qquad (2\text{-}52)$$

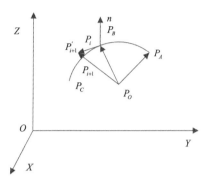

图 2-20　空间圆弧插补原理

设经过一个插补周期后，机械手末端修剪刀具从点 $P_i(x_i, y_i, z_i)$ 沿着圆弧前进的切向移动了 $\Delta l(\Delta l = \varphi \cdot R)$ 后，到达 $P'_{i+1}(x'_{i+1}, y'_{i+1}, z'_{i+1})$，则有

$$\begin{cases} x'_{i+1} = x_i + \Delta x' = x_i + \dfrac{\Delta l}{\sqrt{e_i^2 + f_i^2 + g_i^2}} e_i \\[3mm] y'_{i+1} = y_i + \Delta y'_i = y_i + \dfrac{\Delta l}{\sqrt{e_i^2 + f_i^2 + g_i^2}} f_i \\[3mm] z'_{i+1} = z_i + \Delta z'_i = z_i + \dfrac{\Delta l}{\sqrt{e_i^2 + f_i^2 + g_i^2}} g_i \end{cases} \qquad (2\text{-}53)$$

式中，

$$\begin{aligned} e_i^2 + f_i^2 + g_i^2 &= (a^2 + b^2 + c^2)[(x_i - x_O)^2 + (y_i - y_O)^2 + (z_i - z_O)^2] \\ &\quad - [a(x_i - x_O) + b(y_i - y_O) + c(z_i - z_O)]^2 \qquad (2\text{-}54) \\ &= (a^2 + b^2 + c^2)R^2 \end{aligned}$$

所以 $\dfrac{\Delta l}{(a^2 + b^2 + c^2)R^2}$ 为常量。

从图 2-20 中可以看出点 $p'_{i+1}(x'_{i+1}, y'_{i+1}, z'_{i+1})$ 不在圆弧上，为了使所有的插补点都落在圆弧上，需要修正式（2-53）。连接 $P_O P'_{i+1}$ 与圆弧交于点 P_{i+1}，P_{i+1} 替代 P'_{i+1} 作为实际插补点，则可以保证所有的插补点始终在圆弧上。在直角三角形 $\Delta P_O P'_{i+1} P_i$

中，有

$$\left|P_O P'_{i+1}\right|^2 = \left|P'_{i+1} P_i\right|^2 + \left|P_O P_i\right|^2 \tag{2-55}$$

$$(R + \Delta R)^2 = R^2 + \Delta l^2 \tag{2-56}$$

则 p_{i+1} 点的坐标为

$$\begin{cases} x_{i+1} = x_O + \dfrac{R(x'_{i+1} - x_O)}{\sqrt{R^2 + \Delta l^2}} \\[3mm] y_{i+1} = y_O + \dfrac{R(y'_{i+1} - y_O)}{\sqrt{R^2 + \Delta l^2}} \\[3mm] z_{i+1} = z_O + \dfrac{R(z'_{i+1} - z_O)}{\sqrt{R^2 + \Delta l^2}} \end{cases} \tag{2-57}$$

把式（2-53）代入式（2-57）得到空间圆弧插补的递推公式，即

$$\begin{cases} x_{i+1} = x_O + \dfrac{R\left(x_i + \dfrac{\Delta l}{\sqrt{e_i^2 + f_i^2 + g_i^2}} e_i - x_O\right)}{\sqrt{R^2 + \Delta l^2}} \\[6mm] y_{i+1} = y_O + \dfrac{R\left(y_i + \dfrac{\Delta l}{\sqrt{e_i^2 + f_i^2 + g_i^2}} f_i - y_O\right)}{\sqrt{R^2 + \Delta l^2}} \quad (0 \leqslant i \leqslant N-1) \\[6mm] z_{i+1} = z_O + \dfrac{R\left(z_i + \dfrac{\Delta l}{\sqrt{e_i^2 + f_i^2 + g_i^2}} g_i - z_O\right)}{\sqrt{R^2 + \Delta l^2}} \end{cases} \tag{2-58}$$

设 $i = 0$ 时，插补起点 P_O 为 P_A，即

$$\begin{cases} x_0 = x_A \\ y_0 = y_A \\ z_0 = z_A \end{cases} \tag{2-59}$$

综上所述，通过式（2-58）可以递推得到空间圆弧上的所有插补点的坐标值，所有插补点都在圆弧上且没有累积误差。

由上述算法分析，构造空间三点圆弧插补算法步骤。

（1）获取已知参数：笛卡儿空间轨迹上的三个点，圆弧的起始点 $P_A(x_A, y_A, z_A)$，圆弧的中间点 $P_B(x_B, y_B, z_B)$，圆弧终点 $P_C(x_C, y_C, z_C)$，插补速度 V 和插补周期 T；

（2）检查输入的空间三点是否在同一条直线上，若在同一条直线上则按直线插补；

（3）求圆半径 R，圆心 $P_O(x_O, y_O, z_O)$；

（4）求圆弧所在平面两个法向量 $\vec{n}$、$\vec{n_1}$ 及 s 的大小；

（5）求圆心角 θ；

（6）求圆弧步距角 φ；

（7）求插补次数 N；

（8）由插补递推公式求插补点；

（9）判断是否到达插补终点，若 $i < N$，继续插补；若 $i \geqslant N$，则退出。

3. 机械手末端姿态插补

机械手末端修剪刀具沿笛卡儿空间坐标系下的直线、圆弧和造型轨迹等运动时，机械手末端修剪刀具位姿会发生变化，在这个运动过程中需要对园林机械手末端修剪刀具的位姿进行插补。本书采用线性插值法[34]对笛卡儿空间坐标系下末端位姿进行插补。

园林机械手末端修剪刀具位姿为 4×4 矩阵 T，矩阵 T 的前三列为园林机械手末端修剪刀具位姿的矢量，最后一列为园林机械手末端修剪刀具的位姿矢量。因为园林机械手末端修剪刀具的位姿矢量是正交矢量，所以任意选两列园林机械手末端修剪刀具的位姿矢量就可以确定园林机械手末端修剪刀具位姿。设起始点 A 和终点 B 处园林机械手末端的位姿分别为 R_A 和 R_B。

$$R_A = \begin{bmatrix} n_{Ax} & o_{Ax} & a_{Ax} \\ n_{Ay} & o_{Ay} & a_{Ay} \\ n_{Az} & o_{Az} & a_{Az} \end{bmatrix} \tag{2-60}$$

$$R_B = \begin{bmatrix} n_{Bx} & o_{Bx} & a_{Bx} \\ n_{By} & o_{By} & a_{By} \\ n_{Bz} & o_{Bz} & a_{Bz} \end{bmatrix} \tag{2-61}$$

插补点对应位姿为矩阵 R_t：

$$R_t = \begin{bmatrix} n_{tx} & o_{tx} & a_{tx} \\ n_{ty} & o_{ty} & a_{ty} \\ n_{tz} & o_{tz} & a_{tz} \end{bmatrix} \qquad （2\text{-}62）$$

选取园林机械手末端修剪刀具的位姿 R_A 和 R_B 的前两列位姿矢量进行线性插补。

（1）由笛卡儿空间位置插补算法得到园林机械手轨迹规划的总时间为 T_L。

（2）位姿增量。

$$\begin{cases} \Delta n_x = \dfrac{n_{Bx} - n_{Ax}}{T_L} \\[2mm] \Delta n_y = \dfrac{n_{By} - n_{Ay}}{T_L} \\[2mm] \Delta n_z = \dfrac{n_{Bz} - n_{Az}}{T_L} \end{cases} \qquad （2\text{-}63）$$

$$\begin{cases} \Delta o_x = \dfrac{o_{Bx} - o_{Ax}}{T_L} \\[2mm] \Delta o_y = \dfrac{o_{By} - o_{Ay}}{T_L} \\[2mm] \Delta o_z = \dfrac{o_{Bz} - o_{Az}}{T_L} \end{cases} \qquad （2\text{-}64）$$

（3）位姿函数。

$$\begin{cases} n_{xt} = n_{Ax} + \Delta n_x t \\ n_{yt} = n_{Ay} + \Delta n_y t \;\; (0 \leqslant t \leqslant T_L) \\ n_{zt} = n_{Az} + \Delta n_z t \end{cases} \qquad （2\text{-}65）$$

$$\begin{cases} o_{xt} = o_{Ax} + \Delta o_x t \\ o_{yt} = o_{Ay} + \Delta o_y t \;\; (0 \leqslant t \leqslant T_L) \\ o_{zt} = o_{Az} + \Delta o_z t \end{cases} \qquad （2\text{-}66）$$

2.5.4　园林机械手各轴速度规划

园林机械手采用位置、时间描述轨迹运动过程，可以实现每根轴任意速度的规划。将运动速度曲线分为 N 段，如图 2-21 所示，其中 A—F 为加速阶段，F—H 为匀速阶段；H—O 为减速阶段。起始点 A 的初速度为 0，终点 O 的末速度也为 0。

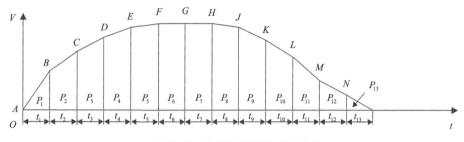

图 2-21　位置时间运动速度曲线

1. 加速阶段

从 A 开始加速，经时间 t_1 后到达 B 点，运动位移 P_1，故 B 点的速度为

$$V_B = \frac{2P_1}{t_1} \qquad (2\text{-}67)$$

从 B 点继续加速，经时间 t_2 后到达 C 点，运动位移 P_2，设加速度为 a_2，则有：

$$\begin{cases} V_B t_2 + \dfrac{1}{2} a_2 \left(t_2\right)^2 = P_2 \\ V_B + a_2 t_2 = V_C \end{cases} \qquad (2\text{-}68)$$

$$\Rightarrow V_C = \frac{2P_2}{t_2} - V_B \qquad (2\text{-}69)$$

同理可求 C—D、D—E、E—F 段的末速度。

2. 匀速阶段

$$V_F = V_G = V_H \qquad (2\text{-}70)$$

3. 减速阶段

从 H 开始减速，经时间 t_8 后到达 J 点，运动位移 P_8，设加速度为 a_8，则有

$$\begin{cases} V_H t_8 + \dfrac{1}{2} a_8 \left(t_8\right)^2 = P_8 \\ V_H + a_8 t_8 = V_J \end{cases} \tag{2-71}$$

$$\Rightarrow V_J = \frac{2P_8}{t_8} - V_H \tag{2-72}$$

同理可求 J—K、K—L、L—M、M—N 段的末速度。

除了匀速阶段外，加速和减速阶段各轨迹点的速度有如下规律：设第 $i-1$ 点到第 i 点的位移为 P_i，则有

$$V_i = \frac{2P_i}{t_i} - V_{i-1} \quad \left(i \geqslant 1\right) \tag{2-73}$$

这样只需要求出各轨迹点之间的位移和运动时间就可以求出各轨迹点的速度，得出一条连续的速度曲线，轨迹点的数目越多则轨迹越逼近预定轨迹，得到更加光滑的速度曲线，运动就会更加平稳。

2.6　基于 MATLAB 轨迹插补运算仿真

2.6.1　平面直线插补仿真

设园林机械手末端修剪刀具切割点从相对基坐标的起始点 A（100,1800）按直线路径运动到终点 B（700,1200）。取 $N{=}100$，$t{=}30\,\mathrm{s}$；使用平面直线插补算法，采用 MATLAB 软件编程仿真绘制图形。结果如图 2-22～图 2-24 所示。

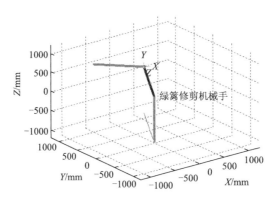

图 2-22　园林机械手平面直线插补仿真

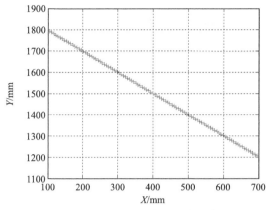

图 2-23　平面直线插补仿真图

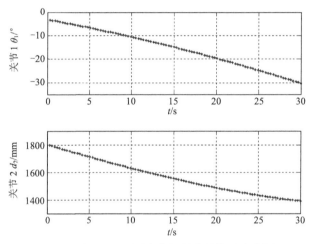

图 2-24　平面直线插补关节轨迹仿真图

2.6.2　平面圆弧插补仿真

设园林机械手末端修剪刀具切割点从相对基坐标的起始点 A（0,1700）运动，路径是以（0,2000）为圆心，300 mm 为半径的圆。取 N=100，t=30 s；使用平面圆弧插补算法，采用 MATLAB 软件编程仿真绘制图形。结果如图 2-25～图 2-27 所示。

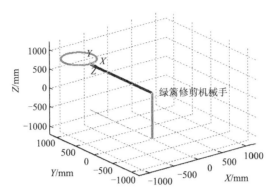

图 2-25　园林机械手平面圆弧插补仿真

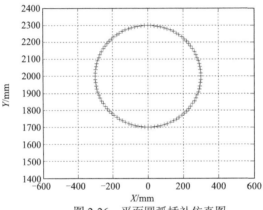

图 2-26　平面圆弧插补仿真图

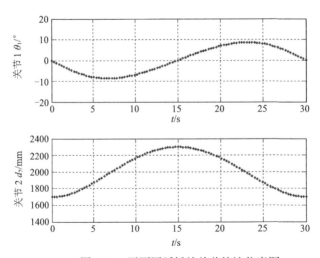

图 2-27　平面圆弧插补关节轨迹仿真图

2.6.3　空间直线仿真

设园林机械手末端修剪刀具切割点从相对基坐标的起始点 A（100,1500,0）按直线路径运动走到终点 B（500,1900,500）。取 N=100，t=60s；使用空间直线插补算法，采用 MATLAB 软件编程仿真绘制图形。结果如图 2-28～图 2-30 所示。

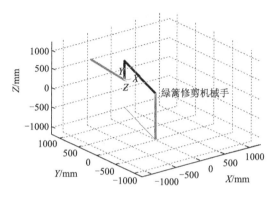

图 2-28　机械手空间直线插补仿真

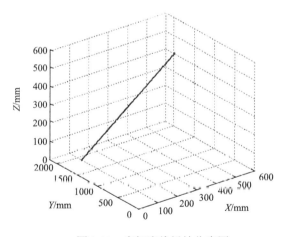

图 2-29　空间直线插补仿真图

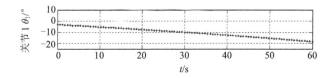

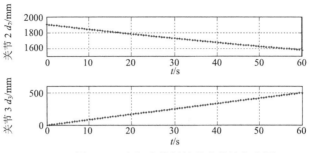

图 2-30　空间直线插补关节轨迹仿真图

2.6.4　空间圆弧插补仿真

设园林机械手末端修剪刀具切割点从相对基坐标的起始点 A（100,1500,200）按圆弧路径运动，经中间点 B（600,1800,300）到达终点 C（400,1700,600）。取 N=100，t=60 s；使用空间圆弧插补算法，采用 MATLAB 软件编程仿真绘制图形。结果如图 2-31～图 2-33 所示。

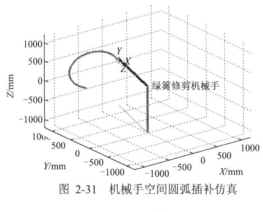

图 2-31　机械手空间圆弧插补仿真

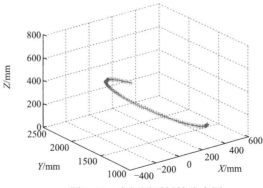

图 2-32　空间圆弧插补仿真图

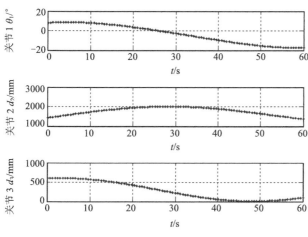

图 2-33　空间圆弧插补关节轨迹仿真图

2.6.5　半球螺旋插补仿真

设园林机械手末端修剪刀具切割点从相对基坐标的起始点 A（0,1800,0），以 500 mm 为半径的半球螺旋路径运动到终点 C（400,1700,600）。取 N=200，t=60 s；使用空间圆弧插补算法，采用 MATLAB 软件编程仿真绘制图形。结果如图 2-34～图 2-36 所示。

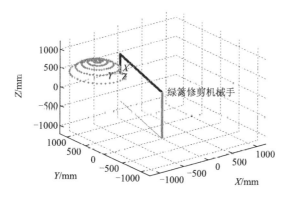

图 2-34　机械手半球螺旋插补仿真

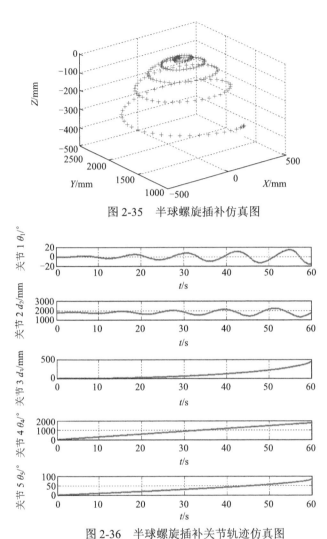

图 2-35　半球螺旋插补仿真图

图 2-36　半球螺旋插补关节轨迹仿真图

2.6.6　结果分析

从以上几个 MATLAB 插补仿真结果来看，插补曲线光滑连续，并且各关节的轨迹也是光滑连续没有突变，证明了插补算法的正确性。同时说明运动过程中园林机械手的运行比较平稳，整个结构不会产生较大的振动和冲击。

第3章 园林机械手设计和仿真分析

3.1 园林机械手结构设计

本节将借助强大的三维建模软件 Pro/Engineer（以下简称 Pro/E）对园林机械手的零部件进行三维设计，在完成了所有零件的三维建模后，进行小部件的虚拟装配，最后进行整机的虚拟装配[35-37]。

3.1.1 刀具系统三维设计

图 3-1 为修剪刀具装配完成后的示意图。修剪刀具共并列安装四片刀盘，每片刀盘的直径为 0.25 m，刀具的总长度为 1.0 m。由于四片刀盘的中心距较大，因此采用分别由独立的动力马达驱动的方案，其优点是传动机构简单紧凑，弥补了四片刀盘串联驱动引起的动力分配不均和不易实现高速传动的缺点。

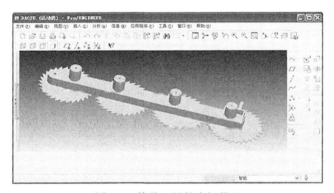

图 3-1　修剪刀具的虚拟装配

3.1.2 升降机构的三维设计

由前文对园林机械手基本尺寸的讨论得知，升降机构的基本行程是 1 300 mm，为了使园林机械手达到更紧凑的效果，使用两级升降机构。根据如上的方法，建立升降机构的零件模型后进行虚拟装配，得到如图3-2所示的由外门架、内门架、升降架、升降驱动杆、滑轮和钢丝绳组成的两级联动的升降机构。其中，内门架可以在外门架内沿竖直方向升降，升降架可在内门架内沿竖直方向升降，滑轮安装在内门架的顶端，钢丝绳绕过滑轮，其一端固定于外门架，另一端固定于升降架。此外升降驱动杆的外缸体底端与外门架的底端铰接，而升降驱动杆的内缸体顶端与内门架的顶端铰接。

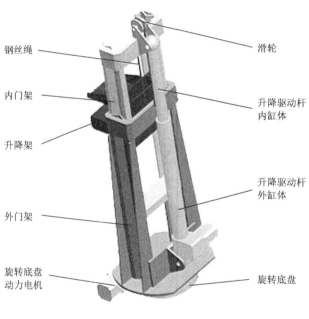

钢丝绳　　　　　　　　　　　滑轮

内门架

升降架　　　　　　　　　　　升降驱动杆
　　　　　　　　　　　　　　内缸体

外门架　　　　　　　　　　　升降驱动杆
　　　　　　　　　　　　　　外缸体

旋转底盘
动力电机　　　　　　　　　　旋转底盘

图3-2　两级升降机构

3.1.3　伸缩机构的三维设计

对伸缩机构进行零件的建模且虚拟装配后，得到如图3-3所示的伸缩机构三维设计图。伸缩机构主要由外臂、内臂及动力电机组成，内臂穿插于外臂的内部，并且可以在外臂中进行伸缩。伸缩机构动力电机固定安装在外臂的末端。外臂与升降架固定连接，当升降架进行升降时，将驱使伸缩机构及设置在伸缩机构前端的部件一起进行升降运动。

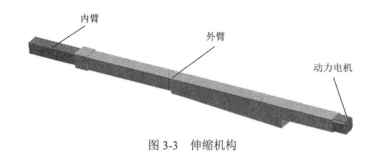

图 3-3　伸缩机构

3.1.4　过载保护机构的三维设计

图 3-4 为过载防护机构的三维侧视图，主要包括内臂连接座、连接架、旋转机构固定座、弹簧、预紧力调整螺母、预紧力调整螺栓、第一销钉、第二销钉和活动连接块。其中，旋转机构固定座通过第二销钉与连接架铰接，并且可以绕着第二销钉相对连接架发生顺时针偏转；连接架通过第一销钉与内臂连接座铰接，并且可以绕着第一销钉相对内臂连接座发生逆时针偏转。

实际过载防护机构包括两套过载防护装置，图 3-5 为过载防护机构的俯视图，当进行中央绿化带修剪时，园林机械手转至承载车的左侧（从前进方向看），第一级过载防护装置起作用，当作用在修剪刀具上的切割阻力在第一销钉处形成的作用力矩大于弹簧的预紧力矩时，连接架开始绕第一销钉相对内臂连接座逆时针偏转。当进行路边绿化带修剪时，园林机械手转至承载车的右侧（从前进方向看），此时第二级过载防护装置起作用，当作用在修剪刀具上的切割阻力在第二销钉处形成的作用力矩大于弹簧的预紧力矩时，旋转机构固定座开始绕第二销钉相对连接架顺时针偏转。

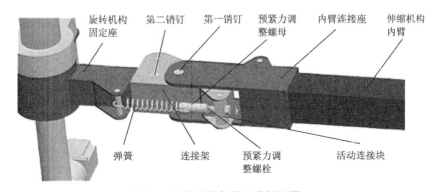

图 3-4　过载防护机构三维侧视图

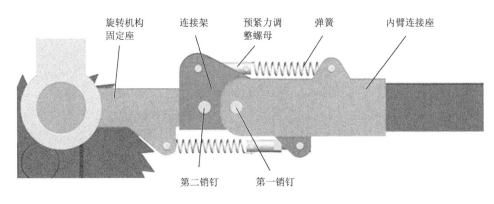

图 3-5　过载防护机构俯视图

3.1.5　机械手整机虚拟装配

在完成刀具、升降机构、伸缩机构的设计和装配后，对所有子装配体及其余的零件进行总装配，得到如图 3-6 所示的园林机械手三维装配模型。

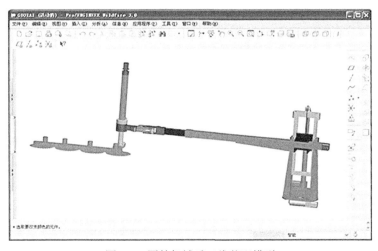

图 3-6　园林机械手三维装配模型

3.2　基于 ADAMS 运动学和动力学仿真的原理

ADAMS 软件由美国的 MSC.Software 公司开发，是集建模、求解和分析功能于一体的图形交互式虚拟样机软件，也是世界范围内最受欢迎且广泛使用的机械系统仿真分析软件。ADAMS 具有比较完善的功能，在 ADAMS 环境中，用户可以方便快速地对机械系统进行完全参数化的建模。一些较为简单、常规性的零部件，可以直接通过 ADAMS 环境所提供的零件库创建，但是一些稍微复杂的模型却很难在 ADAMS 中创建。由于 ADAMS 建模能力薄弱，远远不能满足对复杂的机械系统模型仿真的需求，因此，本书通过运用 Pro/E 与 ADAMS 间的无缝连接技术来完成复杂机械系统的仿真。

MECHANISM/Pro 是用于 Pro/E 软件与 ADAMS 软件进行连接的接口模块。通过接口模块，可以不需离开 Pro/E 的工作环境，将已经建立好的机械结构装配模型定义为机械系统动力模型，然后对其进行运动学、动力学仿真分析。运用接口模块还可以在 Pro/E 中对模型的刚体进行定义且施加约束，再通过 MECHANISM/Pro 菜单工具将 Pro/E 中建立的模型传递到 ADAMS 工作平台中，以进行更加复杂的动力学分析。

3.3　园林机械手造型运动轨迹仿真

3.3.1　基于ADAMS仿真环境的搭建

首先是模型的简化。主要指删除质量、体积较小的零件，如销钉、螺栓、弹簧、轴承等，删除不必要的倒角。删除或不装配质量、体积较小的零部件，可以避免装配及连接副添加过程中的繁琐操作，减少计算量。

其次是添加约束。园林机械手需要用到的连接类型有铰接、固定连接副、圆柱连接副和移动连接副。其中，铰接表示两个相互连接的零部件间只有一个自由度的旋转自由度，固定连接副表示两个相互连接的部件不能发生任何相对运动；圆柱连接副表示两个相互连接的部件既能绕着旋转轴相对转动，又能沿着旋转轴方向相对移动；移动连接副限制了两连接件间的 5 个自由度，只能允许两个连接件沿着某个方向移动。建立所有连接副后，园林机械手如图 3-7 所示。

在 Pro/E 中完成连接副的设置之后，通过无缝连接模块将 Pro/E 中建立且添加连接副的装配模型导入 ADAMS 中，如图 3-8 所示。

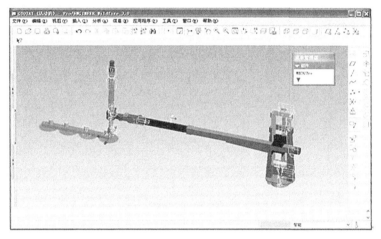

图 3-7　在 Pro/E 中完成园林机械手的连接

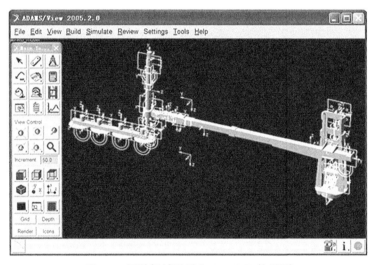

图 3-8　园林机械手导入 ADAMS 的界面

3.3.2　基于ADAMS运动学逆解仿真

运动学逆解问题即已知修剪刀具的位姿、速度及加速度求各主动副的速度及加速度[38]。首先，利用一般点驱动定义机械手末端的运动轨迹，由末端点驱动带动各驱动关节的运动。其次，运用 ADAMS 强大的测量功能求取各驱动关节运动的位移、速度和加速度曲线。在后处理模块中，得到的各关节的位移、速度和加速度曲线可以很方便地转化为各驱动关节的运动样条函数，由此完成对机械手的运动学逆解过程[39-42]。最后用这些样条函数定义各驱动关节的运动，得出机械手末端的运动轨迹，从而完成运动学的正解仿真。

如图 3-9 所示，在园林机械手修剪刀具的中心添加一般点驱动（general point motion），该运动可以定义两个构件沿着三个轴发生相对转动或移动。使用函数定义工具（function builder）可以对运动进行定义。对于简单路径，可以直接调用 ADAMS 函数库中的方程来设定。

对于复杂的曲线运动轨迹，只需给出各关节运动轨迹的离散数据点的时间–坐标矩阵数据，然后通过在 ADAMS 中运用曲线拟合来完成曲线运动。如图 3-10 所示，导入轨迹曲线文件，其中"File To Read"框中输入的是轨迹数据的文件目录及名称，"Independent Column Index"框输入 1，代表以数据文件中的第一列为独立向量，在调用 Splines 曲线时，将以第一列为时间变量。

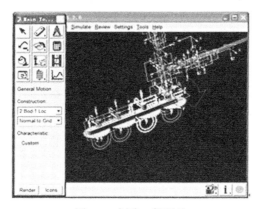

图 3-9　创建一般驱动

图 3-10　轨迹数据的导入

　　设定末端点的运动参数，如图 3-11 所示，包括三个方向 X、Y、Z 的位移及分别绕 X 轴、Y 轴和 Z 轴的旋转运动参数。Type 中选择 disp(time)表示输入的数据类型为时间–位置数据。在 f(time)中选择 AKISPL 样条函数，它将输出根据 Akima 拟合方式所求得的曲线插值。

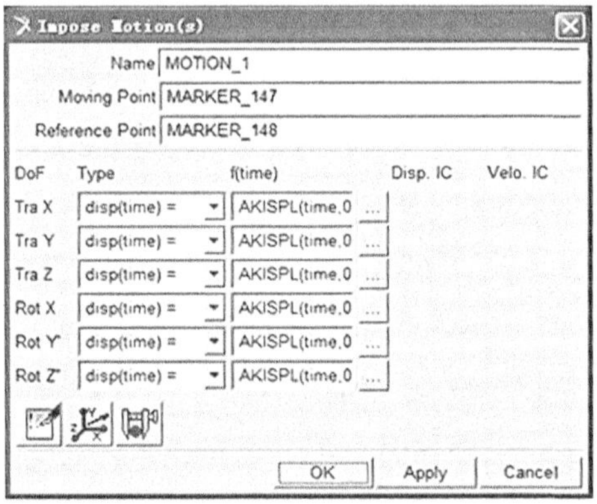

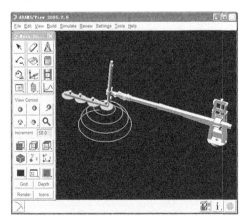

图 3-11　设定末端点的运动参数

　　三个方向 X、Y、Z 的位移及分别绕 X 轴、Y 轴和 Z 轴的旋转运动参数对 AKISPL 样条函数的调用分别为：

　　AKISPL(time,0,SPLINE_1, 0)；　AKISPL(time,0,SPLINE_2, 0)；

　　AKISPL(time,0,SPLINE_3, 0)；　AKISPL(time,0,SPLINE_4, 0)；

　　AKISPL(time,0,SPLINE_5, 0)；　AKISPL(time,0,SPLINE_6, 0)。

　　设定仿真时间为 75 s，步速为 2000 步，运行仿真后，使用"Review"-"Create Trace Spline"命令，然后建立园林机械手臂端相对地面的轨迹曲线，可以看到如图 3-12 所示的半圆球螺旋轨迹。

图 3-12　半圆球螺旋轨迹

3.3.3　基于ADAMS运动学正解仿真

在 3.3.2 节中已经对几种轨迹的数学描述进行了分析,此外还对园林机械手的运动学逆解进行了推导,根据轨迹的数学模型及机械手的逆解,可以求解机械手在进行造型修剪时各关节的时间位移数据曲线。在 ADAMS 中导入每个推杆的运动学正解数据文件,根据末端位姿逆向求解机械手各关节的运动参数。在设定园林机械手关节的运动参数时,应用曲线方程。选择 AKISPL 样条函数,它将输出根据 Akima 拟合方式所求得的曲线插值。

如图 3-13 所示,虚线 "angular velocity_1" 是 ADAMS 通过运动学正解仿真得到的旋转底盘的时间–角速度曲线,而实线 "angular velocity_2" 是 ADAMS 通过运动学逆解仿真得到旋转底盘的时间–角速度曲线。由图可知,两条曲线完全重合,因此验证了前面章节中求出的园林机械手运动学逆解及造型轨迹方程的正确性。

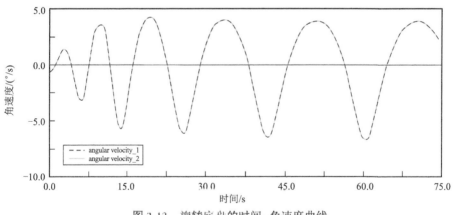

图 3-13　旋转底盘的时间–角速度曲线

3.4　园林机械手造型轨迹的动力学仿真

3.4.1　动力学仿真环境的设置

在进行动力学仿真之前,需要先进行仿真环境、材料属性的设置及外部载荷的添加等操作，其过程如下：

首先，设置仿真环境。将 ADAMS 环境设置为"毫米千克秒"的单位制；并在 Y 方向（即相对机械手竖直向下的方向）添加 9 800 mm/s² 的重力加速度。

其次，添加外部载荷。由于进行圆球造型时，主要由修剪刀具第一把刀盘进行切割，在修剪刀具的中心添加 450 N 的最大作用力，力的作用方向始终与修剪刀具垂直，并且与切割方向相反。

最后，设置材料属性。由于园林机械手的零部件主要为钢结构，在刚体的属性栏中，通过"定义重力及材料密度"的选项，将刚体的材料设置为"steel"（钢），此时材料的密度为 7.801×10^{-6} kg/mm³。

3.4.2　圆球轨迹动力学仿真

依据 2.3.3 中的运动学方程，求解出球形轨迹方程，取球形半径为 0.7 m。在 MATLAB 中编写程序，求出每个驱动的离散位置数据，并导入 ADAMS 中，生成样条曲线，用于给每个驱动添加驱动函数。

设定仿真时间为 75 s，步速为 2000 步，运行仿真后，其运动轨迹可如图 3-14 所示。

实线、虚线分别为伸缩机构和刀具升降机构的时间−速度曲线。在整个运行过程中，伸缩机构做变幅变周期的往复运动，其伸缩速度的最大值为 218.6 mm/s；刀具升降机构的最大伸缩速度相对伸缩机构的速度要小很多，伸缩机构在前 15 s 进行匀加速的运动，当速度增加到 10 mm/s 后，保持恒定速度至修剪结束。

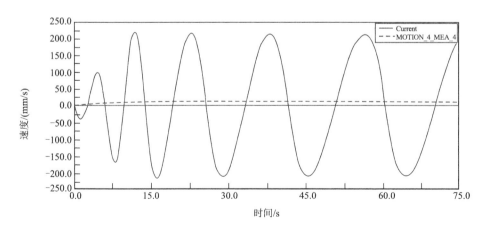

图 3-14　圆球造型修剪过程中伸缩机构和刀具升降机构的时间−速度曲线

如图 3-15 所示，实线、虚线分别为伸缩机构和刀具升降机构的时间-驱动力曲线。可以看到伸缩机构的驱动力一直在做变周期性的变化，切割阻力的方向与修剪刀具的线速度方向相同，而修剪刀具在旋转机构的驱动下做变周期性的旋转运动，伸缩机构驱动力的最大值为 567.5 N。刀具升降机构的作用力在整个修剪过程中基本不变，其作用力主要由连接在刀具升降机构末端的部件的重力引起，约为 150 N。

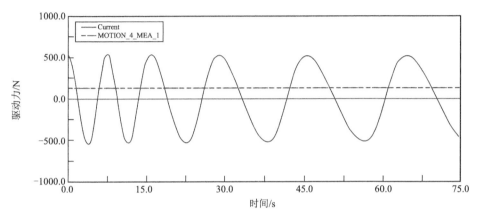

图 3-15　圆球造型修剪过程中伸缩机构和刀具升降机构的时间-驱动力曲线

图 3-16 中，实线和虚线分别代表旋转机构和旋转底盘在圆球修剪过程中的时间-角速度曲线。在运行过程中，旋转底盘一直在进行左右摇摆的运动，其最大旋转速度为 4.3°/s，旋转机构的最大旋转速度为 50.7°/s。

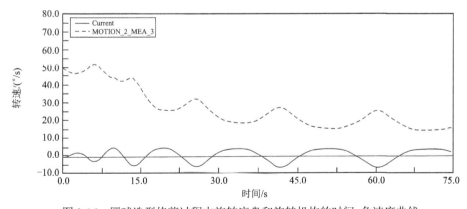

图 3-16　圆球造型修剪过程中旋转底盘和旋转机构的时间-角速度曲线

图 3-17 为旋转底盘在圆球修剪过程中的时间-扭矩曲线。作用在转盘上的扭矩主要由切割阻力和惯性载荷引起，其最大扭矩约 3400 N·m。

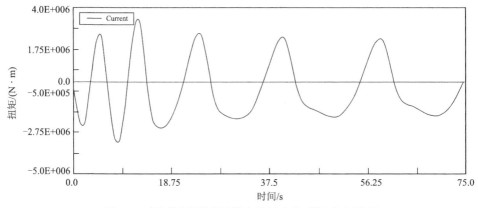

图 3-17　圆球造型修剪过程中旋转底盘时间-扭矩曲线

图 3-18 为旋转机构在圆球造型修剪过程中的时间-扭矩曲线。切割阻力对修剪刀具形成的作用扭矩将直接由旋转机构承受。由图可知，从开始进行造型修剪至修剪结束，作用给旋转机构的扭矩以递减的趋势变化的，但是由于进行圆球造型时，修剪刀具的倾斜角度在递增，切割阻力的作用力臂递减，因而作用给旋转机构的作用力矩也在递减。

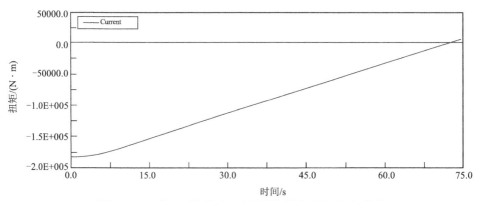

图 3-18　圆球造型修剪过程中旋转机构的时间-扭矩曲线

3.4.3　圆柱轨迹动力学仿真

在此，设定圆柱的半径是 0.7 m，圆柱的高度是 1.8 m，因为设计的修剪刀具总长是 1.0 m，所以圆柱螺旋线的高度是 0.6 m。根据要求编写程序，求出每个驱动的离散位置数据，并且导入 ADAMS 中，生成样条曲线，用于给每个驱动添加驱动函数。

圆柱造型的修剪过程分为 4 个阶段：第 1 阶段，对准树木中心上方，将修剪刀具在水平面内绕竖直轴线旋转一周，该过程需要 5 s；第 2 阶段，将修剪刀具偏移一个半径的距离，该过程需要 7 s；第 3 阶段，使修剪刀具在刀具倾斜角度调整机构的控制下从水平位置摆至竖直位置，该过程需要 2.5 s；第 4 阶段，进行圆柱侧面的修剪，该过程需要 37 s。此外，由于在第 2 阶段和第 3 阶段过程中，修剪刀具不进行切割，所以没有切割阻力。

在修剪刀具的中间位置添加作用力（force），力的表达式可以调用 ADAMS 自带的 IF 函数来描述。IF 函数的调用格式如下。

格式：IF（表达式 1，表达式 2，表达式 3，表达式 4）。

其中，表达式 1 是 ADAMS 的评估表达式；表达式 2 表示如果表达式 1 的值小于 0，IF 函数返回表达式 2 的值；表达式 3 表示如果表达式 1 的值等于 0，IF 函数返回表达式 3 的值；表达式 4 表示如果表达式 1 的值大于 0，IF 函数返回表达式 4 的值。

用 IF 函数来进行载荷添加，其调用语句如下。

IF(time-5.0 ： 450 , 450 , IF(time-14.5 ： 0 , 0 , 450))

加载之后，设定仿真时间为 51.5 s，步速为 2000 步，运行仿真后，其运动轨迹如图 3-19 所示。

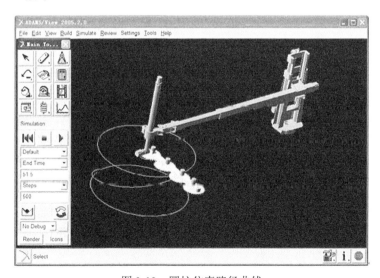

图 3-19　圆柱仿真路径曲线

图 3-20 为旋转底盘的时间—扭矩曲线。由图可知旋转底盘在圆柱造型修剪过程中的最大作用力矩约 3600 N·m。

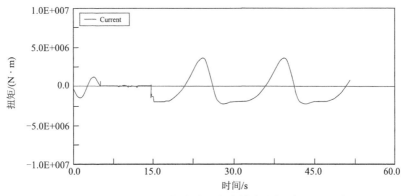

图 3-20　圆柱造型修剪过程中旋转底盘的时间-扭矩曲线

图 3-21 为旋转底盘的时间-角速度曲线，由图可知在 0～5 s 和 12～14.5 s 阶段，旋转底盘不工作，该时间段对应圆柱造型修剪的第 1 阶段和第 3 阶段。旋转底盘在进行圆柱造型修剪时的最大旋转速度是 9.12°/s。

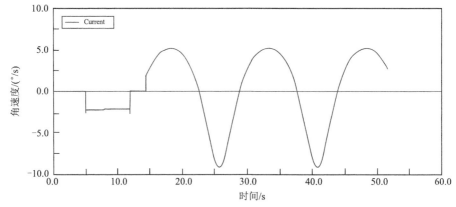

图 3-21　圆柱造型修剪过程中旋转底盘的时间-角速度曲线

图 3-22 是旋转机构的时间-角速度曲线，在圆柱造型修剪的第 1 阶段，修剪刀具在旋转机构的驱动下做 72°/s 的匀速旋转运动。在圆柱造型修剪的第 2 阶段，修剪刀具沿半径方向平移一个半径的距离，此时旋转机构也做角速度很低的旋转；在圆柱修剪的第 3 阶段，修剪刀具从水平面摆至竖直位置，此阶段旋转机构不工作，由图可知旋转机构在整个圆柱造型修剪阶段的最大角速度是 72°/s。

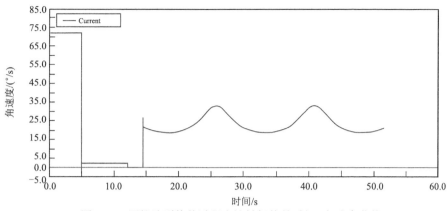

图 3-22 圆柱造型修剪过程中旋转机构的时间–角速度曲线

图 3-23 是旋转机构的时间-扭矩曲线，由图可知进行圆柱修剪的第一阶段时，旋转机构承受的作用扭矩最大，约为 183 N · m，在该阶段，修剪刀具处于水平位置，并且在旋转机构的驱动下进行 360° 的旋转，以进行圆柱顶面的修剪。在 14.5～51.5 s 阶段，虽然在进行圆柱侧面修剪，但是由于此时修剪刀具已经摆至竖直位置，切割阻力对旋转机构形成的作用力臂最小，所以作用扭矩也很小。

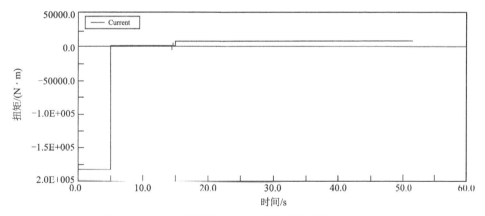

图 3-23 圆柱造型修剪过程中旋转机构的时间–扭矩曲线

如图 3-24 所示，实线、虚线分别为伸缩机构和刀具升降机构的时间–作用力曲线。在 7～14.5 s 阶段，伸缩机构的驱动力为 0，因为该时间阶段伸缩机构不运行，伸缩机构的最大驱动力约为 570 N。刀具升降机构在整个圆柱造型修剪的过程中基本保持 150 N 的恒定值，因为刀具升降机构主要承受其末端连接的部件的重力作用。

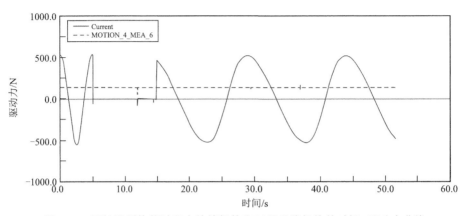

图 3-24　圆柱造型修剪过程中伸缩机构和刀具升降机构的时间−驱动力曲线

如图 3-25 所示，实线、虚线分别为伸缩机构和刀具升降机构的时间−速度曲线。从图中可以看出在 0～5 s 和 12～14.5 s 阶段，伸缩机构不工作，这与前面所述的圆柱造型修剪的过程相对应，伸缩机构进行圆柱造型修剪的最大伸缩速度是112.4 mm/s。刀具升降机构在 29～37 s 阶段内起作用，该时间段对应圆柱侧面修剪过程中的圆柱螺旋运动阶段，该阶段刀具升降机构以 80 mm/s 的恒定速度将刀具的高度降低了 600 mm。

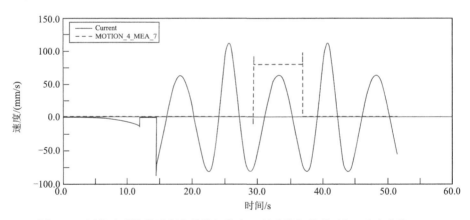

图 3-25　圆柱造型修剪过程中伸缩机构和刀具升降机构的时间−速度曲线

3.4.4　圆锥轨迹动力学仿真

设定圆锥的底面半径是 0.7 m，圆锥的高度是 1.1 m，因为设计的修剪刀具总长是 1.0 m，修剪圆台侧面时修剪刀具的角度是 45°，所以圆锥螺旋线的高度是

0.4 m。依照圆锥数学模型，在 MATLAB 中编写程序，求出每个驱动的离散位置数据，并且导入 ADAMS 中，生成样条曲线，用于给每个驱动添加驱动函数。

圆锥造型的修剪过程分为 3 个阶段：第 1 阶段，对准树木中心上方，修剪刀具呈 45° 绕竖直轴线旋转一周，该过程需要 12 s；第 2 阶段，修剪刀具偏移一个半径的距离，该过程需要 2 s；第 3 阶段，进行圆锥下半部分侧面的修剪，该过程需要 12 s。

设定仿真时间为 26 s，步速为 2600 步，运行仿真后，其运动轨迹如图 3-26 所示。

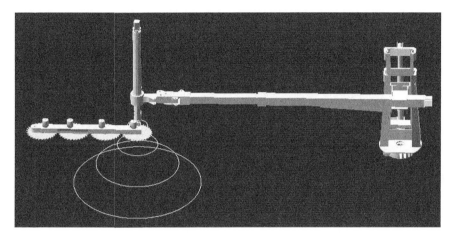

图 3-26　圆锥形螺旋轨迹

图 3-27 为旋转底盘的时间-扭矩曲线。由图可知旋转底盘在圆锥造型修剪过程中的最大作用力矩约 3800 N·m。

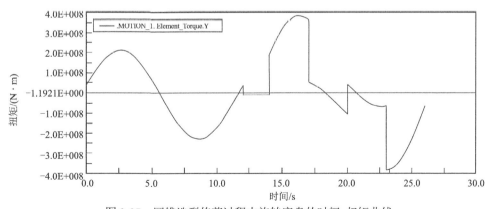

图 3-27　圆锥造型修剪过程中旋转底盘的时间-扭矩曲线

图 3-28 为旋转底盘的时间-角速度曲线，由图可知在 0～14 s 阶段，旋转底盘不工作，该时间段对应圆锥造型修剪的第 1 阶段和第 2 阶段。旋转底盘在进行圆锥造型修剪时的最大旋转速度是 4°/s。

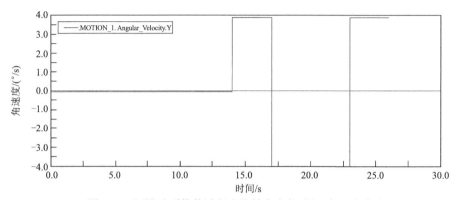

图 3-28　圆锥造型修剪过程中旋转底盘的时间-角速度曲线

图 3-29 是旋转机构的时间—角速度曲线，在圆锥造型修剪的第 1 阶段，修剪刀具在旋转机构的驱动下做 30°/s 的匀速旋转运动；在圆锥造型修剪的第 2 阶段，修剪刀具沿半径方向平移一个半径的距离，此时旋转机构也做角速度很低的旋转；在圆锥造型修剪的第 3 阶段，修剪刀具修剪圆锥的下半部分，由图可知旋转机构在整个圆锥造型修剪阶段的最大角速度是 35°/s。

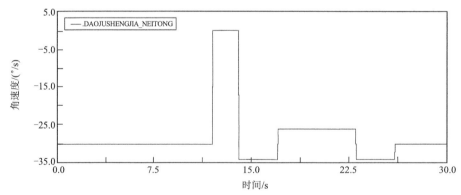

图 3-29　圆锥造型修剪过程中旋转机构的时间-角速度曲线

图 3-30 是旋转机构的时间-扭矩曲线，由图可知进行圆锥造型修剪时，旋转机构承受的最大作用扭矩约为 450 N·m。

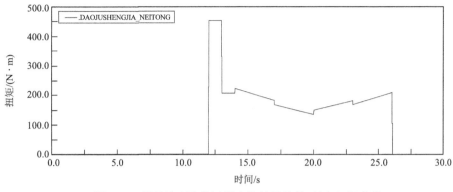

图 3-30　圆锥造型修剪过程中旋转机构的时间-扭矩曲线

如图 3-31 所示，实线、虚线分别为伸缩机构和刀具升降机构的时间-扭矩曲线。在 0～12 s 阶段，伸缩机构的驱动力为零，因为该时间阶段伸缩机构不运行。伸缩机构的最大扭矩约为 500 N·m，刀具升降机构在整个圆锥造型修剪的过程中只在 12～13 s 阶段受到 500 N·m 的扭矩，该阶段为刀具调整位置至圆锥的下半部分。

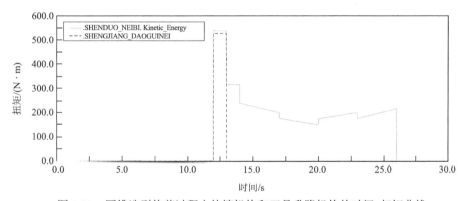

图 3-31　圆锥造型修剪过程中伸缩机构和刀具升降机构的时间-扭矩曲线

如图 3-32 所示，实线、虚线分别为伸缩机构和刀具升降机构的时间-速度曲线。从图中可以看到在 0～12 s 时间段内，伸缩机构不工作，这与前面所述的圆柱造型修剪的过程对应，伸缩机构进行圆锥造型修剪的最大伸缩速度是 300 mm/s。刀具升降机构在 12～13 s 时间段内起作用，该时间段对应圆锥侧面修剪过程的运动阶段，该阶段刀具升降机构以 200 mm/s 的恒定速度将刀具的高度降低了200 mm。

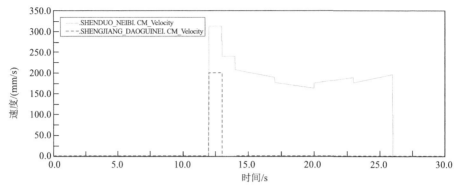

图 3-32　圆锥造型修剪过程中伸缩机构和刀具升降机构的时间-速度曲线

3.4.5　圆台造型动力学仿真

设定圆台的上底面半径是 0.3 m，下底面半径是 0.7 m，圆台的高度是 1.1 m，因为设计的修剪刀具总长是 1.0 m，修剪圆台侧面时修剪刀具的角度是 45°，所以圆台螺旋线的高度是 0.4 m。依照圆台数学模型，在 MATLAB 中编写程序，求出每个驱动的离散位置数据，并且导入 ADAMS 中，生成样条曲线，用于给每个驱动添加驱动函数。

圆台造型的修剪过程分为 5 个阶段：第 1 阶段，对准树木中心上方，修剪刀具在水平面内绕竖直轴线旋转一周，该过程需要 12 s；第 2 阶段，修剪刀具在刀具倾斜角度调整机构的控制下从水平位置摆至 45° 位置，该过程需要 2 s；第 3 阶段，修剪刀具在该状态下绕竖直轴线旋转一周进行圆台上半部分的修剪，该过程需要 12 s；第 4 阶段，修剪刀具偏移下底面半径减去上底面半径的距离，该过程需 2 s；第 5 阶段，进行圆台下半部分的修剪，该过程需要 12 s。此外，由于在第 2 阶段和第 4 阶段过程中，修剪刀具不进行切割，没有切割阻力。

在修剪刀具的中间位置添加作用力，作用力的表达式可以调用 ADAMS 自带的 IF 函数来描述。IF 函数的调用格式如下。

格式：IF（表达式 1；表达式 2，表达式 3，表达式 4）。

其中，表达式 1 是 ADAMS 的评估表达式；表达式 2 表示如果表达式 1 的值小于 0，IF 函数返回表达式 2 的值；表达式 3 表示如果表达式 1 的值等于 0，IF 函数返回表达式 3 的值；表达式 4 表示如果表达式 1 的值大于 0，IF 函数返回表达式 4 的值。

用 IF 函数来进行载荷添加，其调用语句如下：

IF(time-12.0 ： 450 , 450 , IF(time-14 ： 0 , 0 , IF(time-26 ： 450 , 450 , IF(time-28 ： 0 , 0 , 450))))

加载之后，设定仿真时间为 40 s，步速为 2000 步，运行仿真后，其运动轨迹如图 3-33 所示。

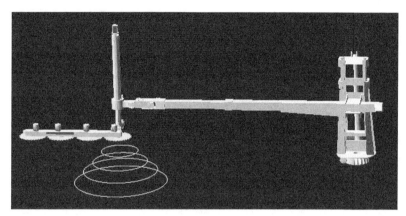

图 3-33　圆台形螺旋轨迹

图 3-34 为旋转底盘的时间-扭矩曲线。由图可知旋转底盘在圆台造型修剪过程中的最大作用力矩约 4000 N·m。

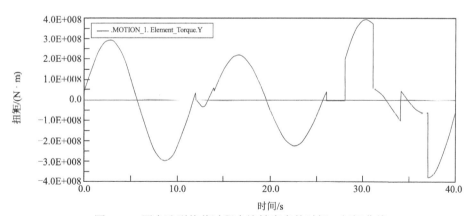

图 3-34　圆台造型修剪过程中旋转底盘的时间—扭矩曲线

图 3-35 为旋转底盘的时间-角速度曲线，由图可知在 0～28 s 阶段，旋转底盘不工作，该时间段对应圆台修剪的第 1～4 阶段。旋转底盘在进行圆台造型修剪时的最大旋转速度是 4°/s。

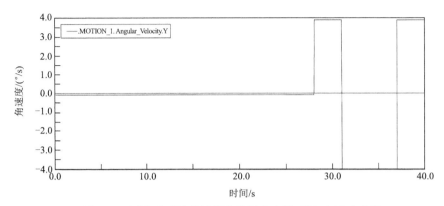

图 3-35　圆台造型修剪过程中旋转底盘的时间-角速度曲线

图 3-36 是旋转机构的时间-角速度曲线，在圆台修剪的第 1 阶段，修剪刀具在旋转机构的驱动下做 30°/s 的匀速旋转运动；在第 2 阶段，刀盘从水平位置旋转 45°，此时旋转机构做角速度很低的旋转；在第 3 阶段，修剪刀具在旋转机构的驱动下做 30°/s 的匀速旋转运动；在第 4 阶段，修剪刀具偏移下底面半径减去上底面半径的距离，此时旋转机构也做角速度很低的旋转；在第 5 阶段，修剪刀具修剪圆台的下半部分，由图可知旋转机构在整个圆台造型修剪阶段的最大角度度是 35°/s。

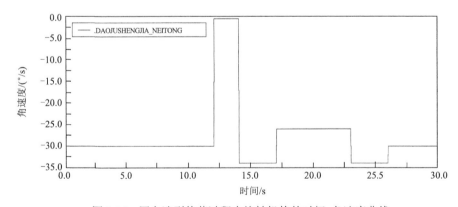

图 3-36　圆台造型修剪过程中旋转机构的时间-角速度曲线

图 3-37 是旋转机构的时间-扭矩曲线，由图可知进行圆台造型修剪时旋转机构承受的作用扭矩最大约为 450 N·m。

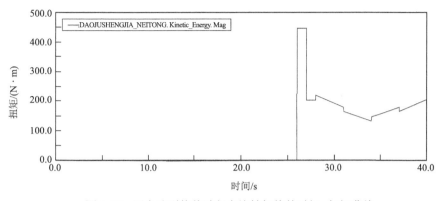

图 3-37　圆台造型修剪过程中旋转机构的时间-扭矩曲线

如图 3-38 所示实线、虚线分别为伸缩机构和刀具升降机构的时间-扭矩曲线。在 0～26 s 阶段，伸缩机构的驱动力为 0，因为此时间阶段伸缩机构不运行。伸缩机构的最大扭矩约为 530 N·m，刀具升降机构在整个圆台造型修剪的过程中只在 12～13 s 阶段受到 520 N·m 的扭矩，该阶段为刀具调整位置至圆台的下半部分。

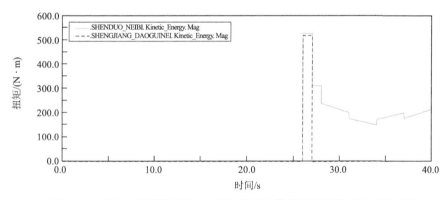

图 3-38　圆台造型修剪过程中伸缩机构和刀具升降机构的时间-扭矩曲线

如图 3-39 所示，实线、虚线分别为伸缩机构和刀具升降机构的时间-速度曲线。从图中可以看到，在 0～26 s 时间段内，伸缩机构不工作，这与前面所述的圆柱造型修剪的过程对应，伸缩机构进行圆台造型修剪的最大伸缩速度是 300 mm/s。刀具升降机构在 12～13 s 时间段内起作用，该时间段对应圆锥侧面修剪过程的运动阶段，该阶段刀具升降机构以 200 mm/s 的恒定速度将刀具的高度降低了 200 mm。

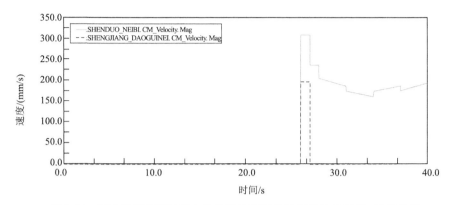

图 3-39 圆台造型修剪过程中伸缩机构和刀具升降机构的时间−速度曲线

第4章 园林机械手关键零部件的
有限元分析与优化

4.1 有限元分析原理

现代结构优化设计的基础是结构有限元分析[43-45]。结构有限元分析是利用计算机对结构在载荷作用下的应力、应变和变形等进行离散数值计算的现代方法。其基本做法是根据需要在结构上选取尽可能多的合理节点，将结构离散为有限个通过节点相连的单元，以这种网格结构模拟原结构。结构有限元分析的基本计算是求解大型线性刚度方程组，其未知向量是节点位移，已知向量是所承受的载荷，系数矩阵是结构刚度矩阵，它是由各个单元的刚度矩阵按照几何位置组集的大型对称方阵。单元刚阵则是根据单元性质、材料性质、截面特性、单元尺寸、单元内各点位移与单元节点位移的关系及物理弹性关系、静力平衡关系、几何协调关系求得的。结构静力分析是利用高效计算方法求解上述结构刚度方程得到各节点位移后，再利用单元刚阵及位移关系求解各单元应力。

4.2 机械手底座有限元分析

4.2.1 机械手底座静力分析

简化后的底座模型如图 4-1 所示。可以将 Pro/E 中建立的底座三维几何模型通过 ANSYS 和 Pro/E 的专用数据接口导入 ANSYS Workbench 中[46, 47]。

图 4-1　底座模型图

打开 Workbench 之后，在主界面 Toolbox 中的 Analysis Systems 选择 Static Structural（静态结构分析）选项就可对模型进行静力分析。在创建的分析项目上选择 Geometry 将模型导入，再进入 Geometry 的 Design Modeler 界面，单击 Generate 即可生成该模型。然后添加模型的材料属性，选择材料为 Structural Steel（结构钢），再对模型划分网格，划分网格后的模型如图 4-2 所示。

图 4-2　底座划分网格后的模型图

然后对模型[44, 45]添加力和约束。根据实际情况，在升降驱动杆的连接处添加 1400 N 的机械手重量，然后对底座进行静力学分析。经过分析，底座的应力云图如图 4-3 所示，应变云图如图 4-4 所示，变形云图如图 4-5 所示。

图 4-3　底座应力云图

图 4-4　底座应变云图

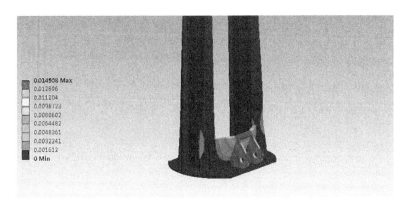

图 4-5　底座变形云图

通过上述结构静力分析结果可知，底座的应力主要分布在升降驱动杆的连接处且都比较小，最大应力出现在连接架的下部，相应的最大应力值为 8.54 MPa。此外底座的变形也都比较小，最大的变形主要集中在连接架固定处的上部，最大变形量为 0.014 5 mm。说明此工况下底座结构的强度是足够的。

4.2.2 机械手底座模态分析

在 ANSYS 模态分析中[48-51]，经计算解得结构前 6 阶固有频率（表 4-1），模态振型图见图 4-6～图 4-11。由图与表可知，机构的一阶固有频率为 79.058 Hz，比整机作业时地面激励频率 3 Hz 大，不会发生共振。而修剪刀具运行时引起的振动频率为 60 Hz 左右，离一阶的固有频率有一定的距离，所以也不会发生共振。

表 4-1 机械手底座结构的前 6 阶固有频率

阶数	固有频率/Hz
1	79.058
2	133.210
3	136.430
4	268.000
5	408.710
6	471.020

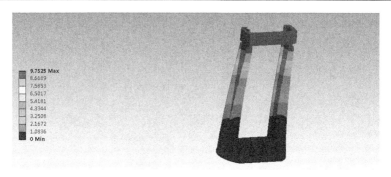

图 4-6 机械手底座一阶振型图

图 4-7 机械手底座二阶振型图

图 4-8 机械手底座三阶振型图

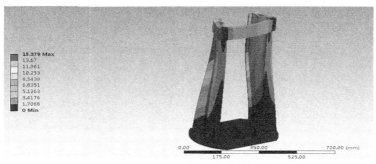

图 4-9 机械手底座四阶振型图

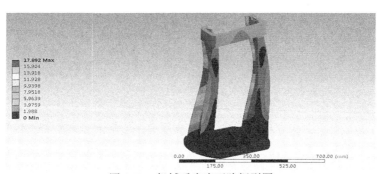

图 4-10 机械手底座五阶振型图

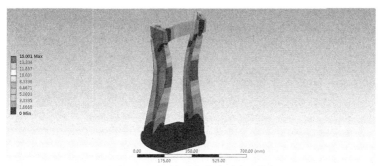

图 4-11 机械手底座六阶振型图

4.2.3 机械手底座的优化

即使该机械手底座的强度和刚度已经满足了工作要求[52-54]，但有一些多余的材料部分并不承受力的作用，或者只承受较小的力，这样将导致材料的浪费。

在 Ansys Workbench Shape Optimization 分析中对机械手底座进行拓扑优化，减重 20%后优化结果如图 4-12 所示。图中深颜色部分即为可去除部分，这样可以减轻底座的重量。

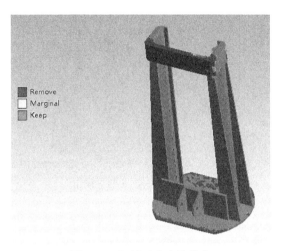

图 4-12   机械手底座的优化

4.3   机械手手臂有限元分析

4.3.1   机械手手臂静力分析

机械手手臂简化后的模型如图 4-13 所示。

图 4-13   机械手手臂模型图

按照分析底座的方法将该模型导入到 Workbench 中，并且进行网格的划分，划分网格后的模型如图 4-14 所示。

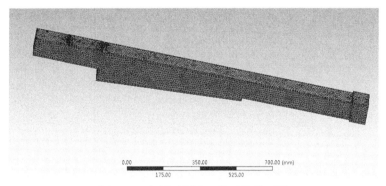

图 4-14　机械手划分网格后的模型图

　　然后对模型添加力和约束。根据实际情况，在与升降架的连接处添加 2000 N·m 的弯矩，然后对手臂进行静力学分析。经过分析，机械手手臂的应力云图如图 4-15 所示，应变云图如图 4-16 所示，变形云图如图 4-17 所示。

图 4-15　机械手手臂应力云图

图 4-16　机械手手臂应变云图

图 4-17　机械手手臂变形云图

通过上述静力分析结果可知,机械手手臂的应力主要分布在升降架的连接处,并且应力都较小,最大应力出现在与升降架的连接处,相应的最大应力值为 800.87 MPa。此外机械手手臂的变形也都比较小,最大的变形也主要集中在与升降架的连接处,最大变形量为 0.004 mm。说明此工况下机械手手臂的强度是足够的。

4.3.2　机械手手臂模态分析

在 ANSYS 模态分析中[48],经计算解得结构前 6 阶固有频率(表 4-2),模态振型图见图 4-18～图 4-23,由图、表可知,机构的 1 阶固有频率为 56.856 Hz,比整机作业时地面激励频率 3 Hz 大,不会发生共振,而修剪刀具运行时引起的振动频率为 60 Hz 左右,处在一阶频率和二阶频率之间,所以也不会发生共振。

表 4-2　机械手手臂结构的前 6 阶固有频率

阶数	固有频率/Hz
1	56.856
2	63.572
3	285.780
4	294.160
5	476.130
6	660.000

图 4-18　机械手手臂一阶振型图

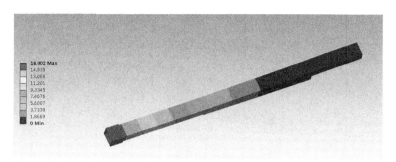

图 4-19　机械手手臂二阶振型图

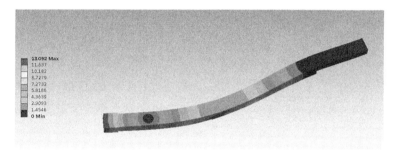

图 4-20　机械手手臂三阶振型图

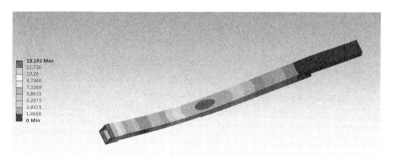

图 4-21　机械手手臂四阶振型图

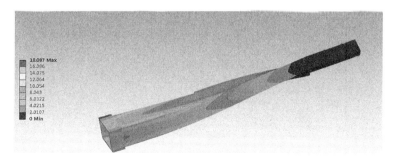

图 4-22　机械手手臂五阶振型图

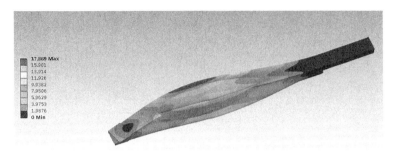

图 4-23　机械手手臂六阶振型图

4.3.3　机械手手臂的优化

即使该机械手手臂的强度和刚度已经满足了工作要求，但有一些多余的材料部分并不承受力的作用，或者只承受较小的力，这样将导致材料的浪费。

在 Ansys Workbench Shape Optimization 分析中对机械手手臂进行拓扑优化，减重 20%后优化结果如图 4-24 所示。图中深颜色部分即为可去除部分，这样可以减轻手臂的重量。

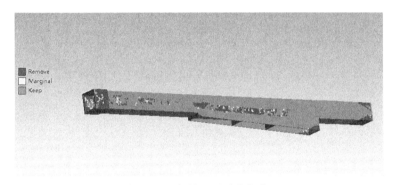

图 4-24　机械手手臂的优化

4.4　机械手刀架有限元分析

4.4.1　机械手刀架静力分析

机械手刀架简化后的模型如图 4-25 所示。

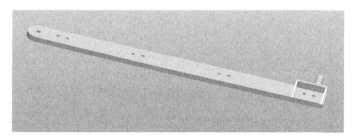

图 4-25　机械手刀架模型图

按照分析底座的方法将该模型导入到 Workbench 中，并且进行网格的划分，划分网格后的模型如图 4-26 所示。

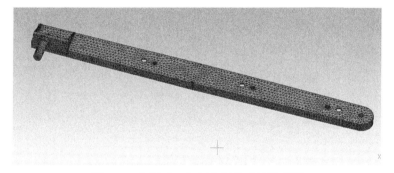

图 4-26　机械手刀架划分网格后的模型图

然后对模型添加力和约束。根据实际情况，在刀架的轴上施加固定约束，计算每个刀具的重量，在刀架上的每个刀具安装处施加 30 N 的向下的力，并且在刀架上施加向下的 40 N 的均布载荷代表刀架下部安装架的质量，然后对刀架进行静力分析。经过分析，刀架的应力云图如图 4-27 所示，应变云图如图 4-28 所示，变形云图如图 4-29 所示。

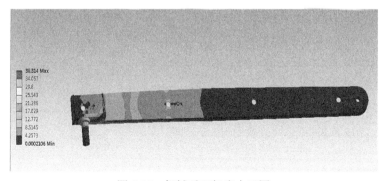

图 4-27　机械手刀架应力云图

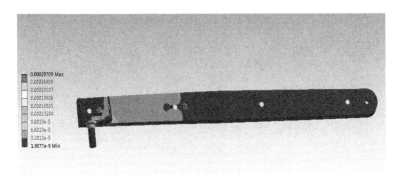

图 4-28　机械手刀架应变云图

图 4-29　机械手刀架变形云图

4.4.2　机械手刀架模态分析

在 ANSYS 模态分析中，经计算解得结构前 6 阶固有频率（表 4-3），模态振型图见图 4-30～图 4-35，由图、表可知，机构的一阶固有频率为 17.336 Hz，比整机作业时地面激励频率 3 Hz 大，不会发生共振，而修剪刀具运行时引起的振动频率为 60 Hz 左右，处在二阶频率和三阶频率之间，所以也不会发生共振。

表 4-3　机械手刀架结构的前 6 阶固有频率

阶数	固有频率/Hz
1	17.336
2	32.621
3	104.290
4	261.450
5	302.980
6	315.550

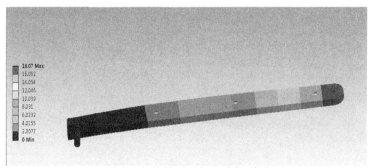

图 4-30 机械手刀架一阶振型图

图 4-31 机械手刀架二阶振型图

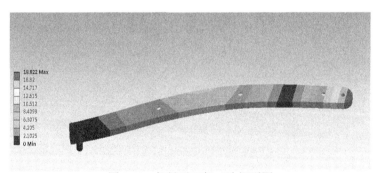

图 4-32 机械手刀架三阶振型图

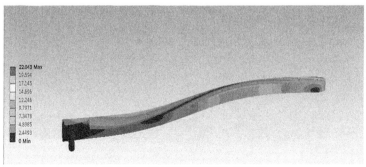

图 4-33 机械手刀架四阶振型图

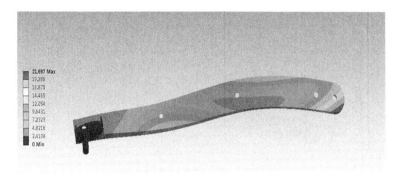

图 4-34　机械手刀架五阶振型图

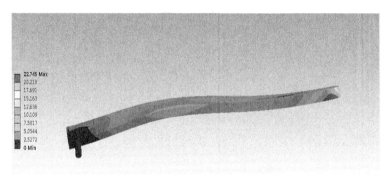

图 4-35　机械手刀架六阶振型图

4.4.3　机械手刀架的优化

即使该刀架的强度和刚度已经满足了工作要求，但有一些多余的材料部分并不承受力的作用，或者只承受较小的力，这样将导致材料的浪费。

在 Ansys Workbench Shape Optimization 分析中对刀架进行拓扑优化，减重40%后优化结果如图 4-36 所示。图中深颜色部分即为可去除部分，这样可以减轻刀架的重量。

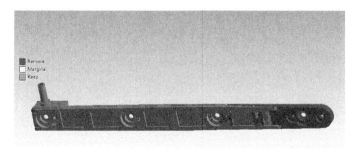

图 4-36　机械手刀架的优化

4.5 机械手本体有限元分析

4.5.1 机械手本体模型的建立与简化

简化后的机械手本体模型如图 4-37 所示。在 ANSYS 中直接可以打开 Pro/E 中的模型，也可以通过 ANSYS 和 Pro/E 中的专用通道导入到 ANSYS 中，导入之后就可以对模型进行参数设置。

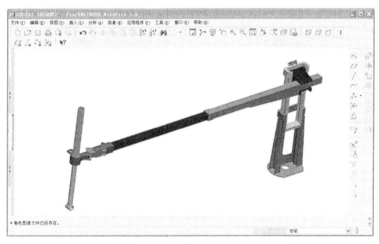

图 4-37 模型简化后的园林机械手结构

将模型导入 ANSYS 之后，在 ANSYS 命令框中添加 "/units,si" 命令，以保证 Pro/E 与 ANSYS 单位的统一。再选中 Plot-Volumes，显示导入模型。然后将此模型以 db 格式存储起来，并且再次打开此文件。在 ANSYS 的主页面内选中 Preferences，选中里面的 Structural 复选框，表示结构分析，由于 Solid95 单元是 Solid45 的高阶形式，用于构造三维实体结构，并且具备塑性、大应变和大变形等能力，适合此次的分析，因此选用 Solid95 单元。设置机械手材料的弹性模量为 2.06e11Pa，泊松比为 0.3，密度 ρ=7800kg/m³，划分网格后的模型如图 4-38 所示。

然后对模型添加力和约束。首先添加切割阻力，切割阻力是修剪刀具在切割枝条时，枝条给刀具系统的阻力，力的方向跟承载车的行驶方向相反，也就是+Z 方向，根据第 3 章的推算，最大的切割阻力为 600 N。然后添加修剪刀具的重力，修剪刀具的重力在 Pro/E 软件里面测量得为 12 kg，取修剪刀具的重力为 120 N。设置重力加速度为 9.8 m/s²，方向为 Y 的反方向，由于前面设置了模型的密度，这样使得每个部件有相应的重力。再通过约束转台的全约束，就可以对模型进行应力计算。

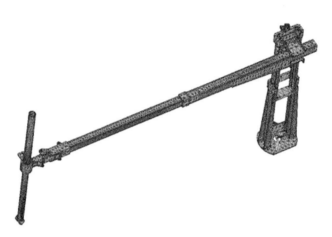

图 4-38　机械手本体划分网格后的模型图

4.5.2　机械手本体关键零部件模态分析与优化

在 ANSYS 模态分析中，经计算解得机械手本体结构前 6 阶固有频率和振型（表 4-4）、模态振型图见图 4-39～图 4-44。由图、表可知，结构的一阶固有频率为 10.846 Hz，比整机作业时地面激励频率 3 Hz 大，不会发生共振，而刀盘转动引起的振动频率为 50 Hz 左右，处于第四阶（41.565 Hz）和第五阶（89.206 Hz）之间，离这两阶的固有频率有一定的距离，所以也不会发生共振。

表 4-4　机械手本体结构的前 6 阶固有频率和振型

阶数	固有频率/Hz	振型
1	10.846	伸缩机构 Y 方向振动
2	20.929	伸缩臂尾部沿 Z 方向振动
3	24.528	伸缩臂尾部沿 Y 方向振动
4	41.565	伸缩机构绕 Z 扭振
5	89.206	升降机构 Z 轴扭振
6	118.900	伸缩机构成 c 型水平振动

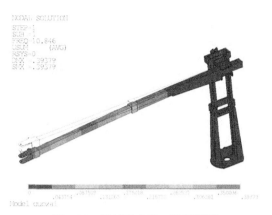

图 4-39　机械手本体一阶振型图

图 4-40　机械手本体二阶振型图

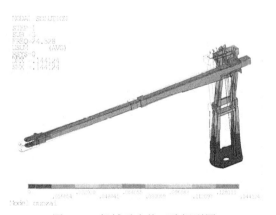

图 4-41　机械手本体三阶振型图

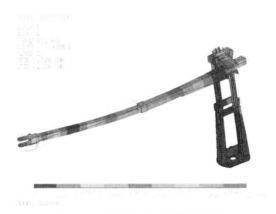

图 4-42　机械手本体四阶振型图

图 4-43　机械手本体五阶振型图

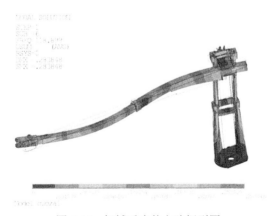

图 4-44　机械手本体六阶振型图

第5章 园林机械手控制系统设计

本章首先讨论了控制系统的需求分析[55]，主要从功能需求和可靠性需求讨论，并且据此确定控制对象，梳理出总体控制方案。方案中确定了采用控制器 ARM9+STM32 的上、下位机结构。然后讨论了上、下位机系统的设计及搭建。在系统平台搭建好之后讨论了系统相关功能的设计，包括矩阵键盘、图形用户界面、上位机通信设计、下位机通信设计、位置检测系统和控制信号检测。完成了相关功能设计后，阐述了机械手造型程序的设计。最后在系统全面设计完成后，进行园林机械手的"虚实结合"实验研究。

5.1 机械手控制系统需求分析

园林机械手控制系统的作用是根据上位机发出的控制指令对机械手机构本体进行控制，完成园林和景观造型的各种动作。要求可靠性[56]高，实时性好，响应速度快。

5.1.1 机械手控制系统功能需求

机械手控制系统功能需求主要有以下几点：

（1）控制系统具有良好的人机界面，并且机构简单、安装方便、操作简单灵活、响应速度快，成本低、可靠性高等。

（2）控制系统支持键盘输入，能够实现各种修剪参数输入，手动控制等。

（3）控制系统能够协调控制多根轴的运动，能够实现直线插补及圆弧插补等功能。

（4）控制系统能够实时处理各种机械信号，如急停信号、限位信号及停止信号等。

（5）能够利用控制系统所具有的多个定时器和计数器产生各轴所需的脉冲，

以及能够对各轴发送脉冲进行计数功能，实现对各轴的运动位置精确控制。

5.1.2　机械手控制系统可靠性需求

机械手控制系统可靠性需求主要有以下几点：

（1）系统静差率小，园林机械手进行修剪作业时要求运动过程平稳，不受外力干扰。

（2）系统在大磁场中运行能够保持稳定。

（3）各模块电子设备的连接不得出现虚接，插接的设备一定要保证在运动过程中可靠、牢固。

（4）人机交互界面能够在各种环境下进行操作。

（5）在处理各种信号的同时，应保持时间的有效性，以免错误的信号进入系统导致不精确的结果。

（6）由于园林机械手安装在拖拉机上，所以在道路上作业时，要求控制系统具有一定的抗震、抗干扰能力。

5.2　机械手控制系统总体架构

5.2.1　总体控制方案

园林机械手控制系统是以电动机为控制对象，以控制器为核心，以电力电子、功率变换装置为执行机构，在控制理论指导下组成的电气传动控制系统。从基本结构上看，一个典型的现代运动控制系统的硬件主要由上位计算机、运动控制器、功率驱动装置、电动机、传感器反馈检测装置和被控对象等几部分组成。通过控制系统将设计的机器人算法在设备上实现。

园林机械手控制系统运动控制器是采用 ARM9+STM32 硬件为主体结构的控制单元，以步进电机为驱动元件的开环控制系统。这是一种高性能、低成本、高可靠性的运动控制方案。首先 ARM9 读取运动控制指令并把数据发送到 STM32 中，STM32 接收指令、读取数据和进行插补运算，得到理想的理论轨迹；然后将轨迹点转换为脉冲当量，将脉冲发送到各轴的步进电机驱动器，再由驱动器驱动步进电机按轨迹运动，在每根轴的两端极限位置安装接近传感器，防止机械手机构发生碰撞，损害构件。将 ARM9 控制的部分定义为上位机，STM32 控制部分定义为下位机。上、下位机都承担机器人的算法。控制系统的控制流程图方案如图 5-1 所示。

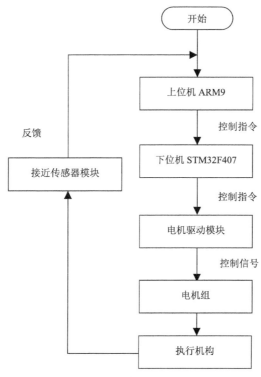

图 5-1 系统总体控制流程图

5.2.2 上位机系统设计

上位机系统采用 ARM9 微处理器。具有人机交互界面、矩阵键盘等接口功能，ARM9 负责机器手正解、反解的运算和传感器信号的处理。

ARM9 上搭载 Linux 嵌入式操作系统。Linux 嵌入式操作系统具有如下优点[57]：使用成本低，源代码免费开放；具有功能强大的内核，性能高效、稳定和多任务；支持多种体系机构，如 ARM、X86、MIPS、SPARC 等；具有完善的网络通信，图形和文件管理机制；可定制大小功能。

在进行 Linux 操作系统开发时，必须先构建交叉编译开发环境，即在计算机的虚拟机上建立目标机的交叉编译开发环境。Bootloader 是 Linux 操作系统启动后首先要运行的程序。它的作用是对硬件设备进行初始化，构建内存空间的映射关系。Linux 内核是系统的一个主要软件组件，它是系统的核心部分，控制着整个系统的硬件，为应用程序访问硬件提供方法。Linux 根文件系统是内核启动时挂载的第一个文件系统，包括启动目录和重要文件。应用程序是用户为了实现某种功能而设计的程序。开发嵌入式 Linux 系统的流程图如图 5-2 所示。

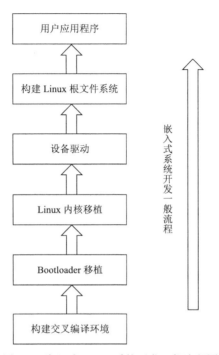

图 5-2　嵌入式 Linux 系统开发一般流程图

5.2.3　下位机系统设计

下位机采用 STM32 微处理器[58]，具有接收上位机指令，检测相关传感器，控制驱动器、刀盘、继电器和信号灯等功能。

下位机共有三个层次，如图 5-3 所示。第三层为执行机构级，即园林机械手本体及修剪刀盘。机械手本体由电动推杆驱动，电动推杆电机为 220 V 交流伺服电机，修剪刀盘采用 36 V 航模电机驱动，电动机根据指令完成轨迹工作，刀盘按照指定的转速完成修剪工作。第二层为伺服电气级，伺服电机编码器将码盘信号和碰撞信号传送到伺服驱动器，完成闭环反馈及报警动作。限位传感器将 I/O 信号传送到伺服控制器，以实现电机的正反转极限控制。第一层为操作控制器层，主要包括接收上位机指令控制，执行机器手相关的算法。作为输入控制级，控制指令的输入、轨迹的规划、控制及显示信号的传送都由这一层完成，操作人员通过上位机人机交互界面完成对整个系统的控制。

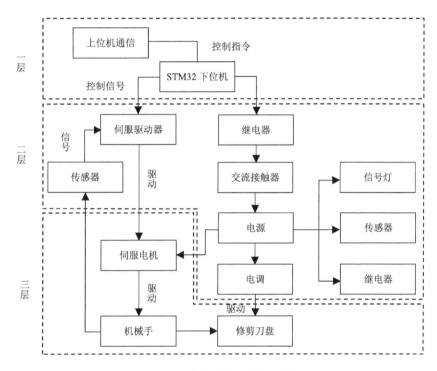

图 5-3　下位机系统硬件框架图

5.2.4　系统硬件平台搭建

园林机械手的硬件系统搭建起来后的实物如图 5-4、图 5-5 所示。在图 5-4 中，右边起第一个为群创 7 寸液晶屏 AT070TN83，右边起第二个为 ARM9 S3C2440，通过串口将 RS232 与左起第二个 STM32F407 连接。STM32F407 控制信号经过左起第一光电耦合器，发送到步进电机驱动器，光电耦合器单向传输信号，起到隔离抗干扰作用。在图 5-5 中，电流进入电源空气开关，经总电源继电器后输出。由于这个园林机械手控制系统中有几种不同的电压需要，所以配置了相应的降压器和升压器。其中步进电机控制模块电源经过升压器后，接急停开关控制的继电器，再接到步进电机驱动器。

图 5-4　S3C2440 与 STM32F407 硬件连接

图 5-5　控制柜内部电气接线实物图

5.3　机械手控制系统功能设计

5.3.1　矩阵键盘

上位机有一组矩阵键盘[59]，用户可通过矩阵键盘完成向 Linux 系统中输入指令和设置参数。

园林机械手控制系统需要的按键较多，为了节约 I/O 口资源，采用 4×4 矩阵键盘，4×4 矩阵键盘功能图如图 5-6 所示。包括手动的上升、下降、盘顺、半球盘逆、伸长、收缩、刀升、圆柱刀降、刀顺、刀逆、刀上、圆锥刀下和数字键盘。在这个矩阵键盘中，每一根行线通过中间按键与每一根列线连接。列线通过电阻后接电源正极，并且连接 I/O 口作为输入端，行线接 I/O 口作为输出端。

图 5-6　4×4 矩阵键盘功能图

将全部的行线设置为低电平,然后检测列线的状态,当没有按键被按下时,所有的列线都是高电平;当有按键按下时,由于所有的行线都是低电平,必定有一根列线被拉低,通过读取输入线的状态就可以确定哪一列的按键被按下。然后采用键盘扫描算法,依次设置某一行线为低电平,其他行线为高电平,进行扫描,确定哪一根行线输出低电平时列线被拉低,从而确定哪个按键被按下。矩阵键盘硬件接口连接如图 5-7 所示。

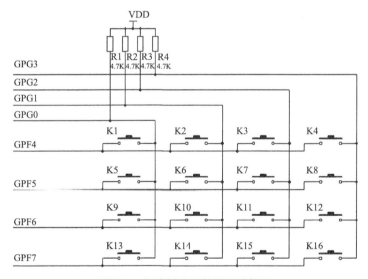

图 5-7　矩阵键盘硬件接口连接图

按键在闭合或断开的过程会出现一段抖动期,即电压信号出现毛刺。这主要是由于按键不稳定引起的,抖动期一般维持 5~10ms,为了能够在闭合或断开时准确地读取按键的状态,必须对按键进行消抖处理。消抖处理有两种方法:一种是硬件消抖,即采用稳态电路或滤波电路,在 I/O 口接一个滤波电容到地线。另一种是软件消抖，采用延时的方法即在几个机器周期内多次读取按键状态检查按键状态是否一致，若一致则发送按键信息出去，若不一致则不返回任何信息。这种方法能够有效处理重键和连击等现象。

Linux 系统支持三种硬件设备，分别是字符设备[60]、块设备及网络接口。字符设备驱动程序是嵌入式 Linux 系统中最常用的驱动程序，功能强大。图 5-8 是驱动程序在应用程序和系统硬件设备之间接口功能的流程图。

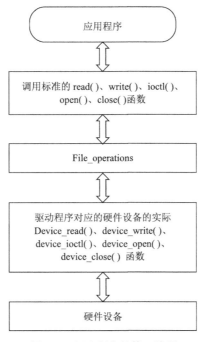

图 5-8　驱动程序的接口流程

Linux 系统为字符设备提供了统一的操作函数接口，File-operation 结构是将字符设备驱动程序和应用程序连接起来的纽带。File-operations 结构内部的成员函数是字符设备驱动程序设计的重要内容，成员函数能够操作设备文件，几乎所有的成员函数都是函数指针。

矩阵键盘 linux 驱动程序设计中重要的入口函数有以下几种。

（1）static int init kb_init(void)：负责初始化键盘驱动，注册一个字符设备，并且分配相应的设备号。

（2）open()：负责打开设备和准备 I/O 口。

（3）read()：负责从设备上读取数据和指令。

（4）close()：负责关闭设备操作。

（5）poll()：负责查询设备是否可读可写。

（6）static void __exit kb_exit(void)：驱动卸载函数在删除模块时注销字符设备，卸载设备驱动所占的资源，删除结构体释放中断。

键盘输入程序。ARM 处理器与外设之间传输数据有三种控制方式，分别是中断方式、查询方式及直接存储器存取（direct memory access，DMA）方式。由于查询方式浪费大量处理器时间，降低 CPU 的利用率，而中断方式扫描按键响应速度快，占用 CPU 资源少，所以是多任务操作系统中最有效利用 CPU 的方式。故本书采用高效的中断方式控制 CPU 与键盘之间的数据传输。

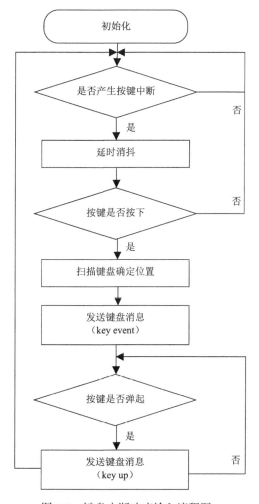

图 5-9　键盘中断响应输入流程图

键盘中断响应输入流程图如图 5-9 所示。在键盘硬件设计中，每一列按键对应一个外部中断，一旦有按键被按下，按键对应的列线被拉低，产生外部中断事件即键盘中断事件，这是为了确定是否有按键按下，进行延时消抖处理，对按键状态再次判断；确定按键按下后，判断各列 I/O 口电平，可以得到被按下按键的列位置；依次设置某一行线为低电平，其他行线为高电平，进行扫描，并确定哪一根行线输出低电平时列线被拉低，从而确定哪个按键被按下。发送键盘信息，继续扫描键盘，直至按键被弹起，发送键盘信息并返回中断。

5.3.2　图形用户界面

图形用户界面[61]采用触摸屏显示器，触摸屏是一种用来输入指令和数据的设备，具有简单、方便、反应速度快和坚固耐用的特点。电阻触摸屏是一块透明的薄膜，贴在 LCD 上面，原理是将受压位置转换为模拟信号，模拟信号经过 A/D 转换为数字量的 X、Y 坐标，最后由 CPU 处理。

在 S3C2440 处理器内部嵌有 LCD 控制器，支持彩色、单色、灰色 LCD 屏。通过对 LCD 控制器编程可以实现不同尺寸 LCD 屏的显示。S3C2440 内部 LCD 控制器结构图如图 5-10 所示，选择群创 7 寸液晶屏 AT070TN83。

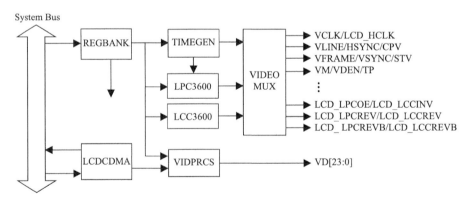

图 5-10　S3C2440 内部 LCD 控制器结构图

图形用户界面 GUI 是处理器 CPU 与用户之间的对话接口。目前，Linux 支持的嵌入式图形用户界面的种类非常多，其中 QT 是一个跨平台的 C++图形用户界面应用程序开发框架。可以开发 GUI 程式和非 GUI 程式，QT 易于扩展，并且允许组件编程。QT 支持 Windows 95/98/NT，Linux、Solaris、SunOs 等操作系统及 2D/3D 图形渲染。圆形用户界面如图 5-11 所示。

图 5-11　图形用户界面

信号和槽是一种高级接口，是 QT 自定义的一种用于对象间的通信机制，也是 QT 的核心机制。对象内部的状态发生变化，就会发射信号，槽是可以被调用处理特定信号的函数。当信号发射后，要调用槽去执行相应的事件必须通过 connect 函数将对象信号与另外的对象槽关联起来，这样当一个信号发射，它所连接的槽就会立即调用。信号和槽的关联关系有几种模式：一个信号和一个槽关联、一个信号和多个槽关联及多个信号和一个槽关联。信号和槽的关联方式如图 5-12 所示。

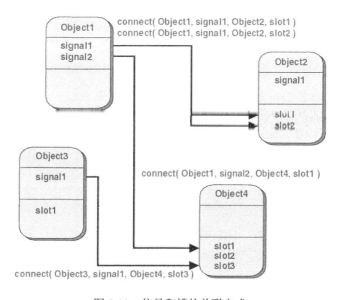

图 5-12　信号和槽的关联方式

传统的 GUI 采用回调方式实现对象间的通信，这种通信存在两个缺点：一是回调函数类型不安全，二是回调函数和处理函数间的联系紧密。QT 的信息和槽的机制代替了传统 GUI 凌乱的回调函数，这种通信方式简便灵活、类型安全，用户编写程序更加简洁明了。

5.3.3　上、下位机通信设计

上位机和下位机进行信息交换时需要通信，由于串行通信接口具有接口硬件连接简单、布线简洁及容易实现等优点而被广泛使用，成为常用的接口。

STM32F407 内嵌有 4 个通用的同步/异步接收器（USART1、USART2、USART3 和 USART6）和两个通用异步收发器（UART4 和 UART5），这些接口都由提供异步通信的 IrDA SIRENDEC 支持，多机通信模式单线半双工通信模式 LIN（局域网）主/从功能。

S3C2440 内嵌有三个通用的异步收发器（UART1、UART2 和 UART3），每个通用的异步收发器都可以在查询模式、中断模式和 DMA 模式下工作，可以实现全双工发送和接收，能够在嵌入式系统之间通信。

ARM9 与 STM32F407 之间采用 RS232 串口通信。ARM9 开发板和 STM32F407 开发板已有现成的接口，它们之间的串口通信电气连接电路图如图 5-13、图 5-14 所示。

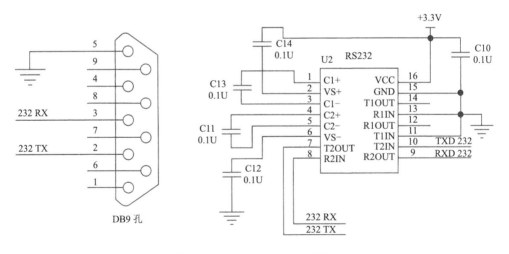

图 5-13　STM32F407 串口电路

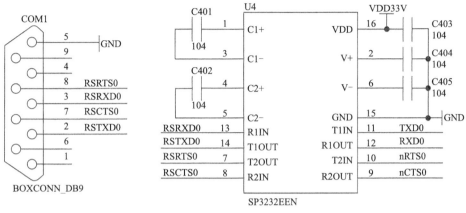

图 5-14　S3C2440 串口电路

下面分别阐述上位机ARM处理器在Linux系统下的串口通信设计和STM32F407串口通信的设计。

上位机 Linux 的串口的设备驱动也是属于字符设备驱动，与 5.3.1 节介绍的原理相似，串口的设备驱动程序同样需要移植到内核。

Linux 下串口驱动程序编程主要步骤：串口通信程序设计中，开始打开通信串口，保存串口设置，根据实际需要设置串口参数，然后读写串口数据，当通信结束关闭串口。串口通信编程基本流程图如图 5-15 所示。

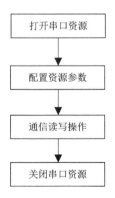

图 5-15　串口通信编程基本流程

1. 打开串口

Linux 系统的串口文件位于/devl 里面的 dev/ttyS0，ttyS1 表示的是使用串口 1进行通信的文件夹名称，使用标准的文件打开串口，open( )函数的两个参数为要打开的文件名和打开方式。open( )函数调用成功显示打开文件成功并返回 0，若失败提醒错误并返回-1。

```
int xj;
/*以读写的方式打开串口*/
xj = open( "/dev/ttyS1", O_RDWR);
if (-1 == xj)
{
perror(" Can't open Serial Port ！");
    rutrn -1
}
else
    Printf（"open success"）;
 return （xj）;
```

2. 设置串口参数

串口参数设置包括起始位、数据位、奇偶校验位、停止位及波特率。

（1）波特率设置

设置波特率时在数据前面加上"B"，就使串口需要通过"与""或"操作方式。本设计的波特率设置为115200。

```
cfsetispeed(&Opt, B115200); //Specifies the input baud rate
cfsetospeed(&Opt, B115200); //Specifies the output baud rate
```

（2）起始位设置

```
options.c_cflag&=~CSIZE; //设置起始位
```

（3）数据位设置

```
options.c_cflag|=CS8; //设置数据位为 8
```

（4）奇偶校验位设置

```
options.c_cflag&=~PARENB; //不进行奇偶校验
```

（5）设置停止位

```
options.c_cflag&=~CSYOPB; //设置停止位
```

3. 读写串口

将串口当做文件读写，串口的读写采用 read()和 write()函数。

（1）发送数据

nByte = write(xj, buffer , Length)// buffer 存储写入数据的数据缓冲区，Length
数据字节数

（2）读取数据

readByte = read(xj,buffer, Length)；//

4. 关闭串口

通信结束退出串口时，使用 close()函数关闭串口

close(xj)；

上述过程阐述了上位机 ARM9 S3C2440 的串口程序设计，下面阐述下位机
STM32 串口程序的主要步骤。

1. 设置串口属性

下位机 STM32F407 速率设置为 115200bps,串口参数设置：起始位 1 位数据
位 8 位，停止位 1 为无奇偶校验位即（1-8-N-1）。采用中断收发数据方式。

USART_InitStructure.USART_BaudRate = 115200；

USART_InitStructure.USART_WordLength =   USART_WordLength_8b；

USART_InitStructure.USART_StopBits = USART_StopBits_1；

USART_InitStructure.USART_Parity = USART_Parity_No；

USART_InitStructure.USART_HardwareFlowControl   =
USART_HardwareFlowControl_Nonc；

USART_InitStructure.USART_Mode = USART_Mode_Rx | USART_Modc_Tx；

USART_Init(USART2,&USART_InitStructure)；

2. 使能串口中断

NVIC_PriorityGroupConfig(NVIC_PriorityGroup_2)；

/* Enable the USARTx Interrupt */

NVIC_InitStructure.NVIC_IRQChannel = USART2_IRQn；

NVIC_InitStructure.NVIC_IRQChannelPreemptionPriority = 0；

NVIC_InitStructure.NVIC_IRQChannelSubPriority = 0；

NVIC_InitStructure.NVIC_IRQChannelCmd = ENABLE；

NVIC_Init(&NVIC_InitStructure)；

/* Enable USART   */

USART_Cmd(USART2,   ENABLE)；

USART_ITConfig(USART2,   USART_IT_RXNE, ENABLE)；

此时下位机的串口已经打开，等待上位机的信号，收到信号后对信号进行解析，并执行相应功能。图 5-16 和图 5-17 表示上、下位机通信程序流程图，步骤说明如上所述。

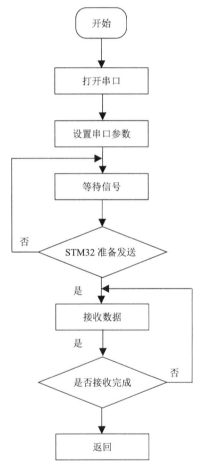

图 5-16   上位机通信程序流程图

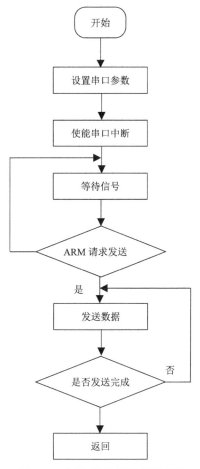

图 5-17　下位机通信程序流程图

5.3.4　位置检测系统

本节主要阐述电感式接近传感器在位置检测系统中的应用。为了保护园林机械手的关节部件，在各关节的端点极限位置安装接近传感器。电感式接近传感器是一种能够不需与目标金属接触就能检测到靠近传感器的目标的金属电子设备。电感式接近开关具有多种外形结构，特点是电压范围宽、开关频率高，具有反市接保护和短路保护。

电感式接近传感器由高频震荡电路、整形检波、信号处理和开关量输出电路组成。高频震荡电路能够产生交变电磁场，一旦金属物质靠近电磁场，金属物质就产生涡流吸收高频震荡电路能量，使震荡停止，通过信号转换整形放大形成开关信号。

电感式接近传感器工作流程方框图如图 5-18 所示。

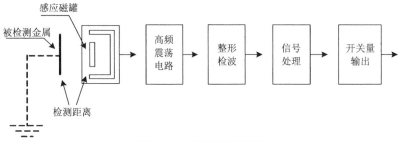

图 5-18　工作流程方框图

本书选择 LJ18A3-8-Z/BY 接近传感器，直流工作电压 6~36 V，感应距离 8 mm，输出驱动电流 200 mA，实物图如图 5-19 所示。

图 5-19　LJ18A3-8-Z/BY 接近传感器

5.3.5　控制信号检测

通过对端口信号的检测，检验系统的稳定性。MDK 开发工具中自带 Logic Analyzer 窗口，能够实时跟踪 I/O 口电平。利用该窗口实时跟踪园林机械手各运动轴的脉冲发送情况，修剪半球形时，第一轴、第二轴和第三轴脉冲发送跟踪，如图 5-20~图 5-22 所示，其中图 5-20~图 5-22 中第一端口是跟踪控制步进电机运动的脉冲发送 I/O 口情况，第二端口是跟踪控制步进电机运动方向的 I/O 口电平变化。

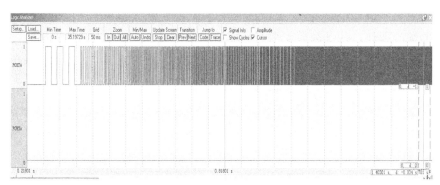

图 5-20　第一轴轴脉冲发送跟踪图

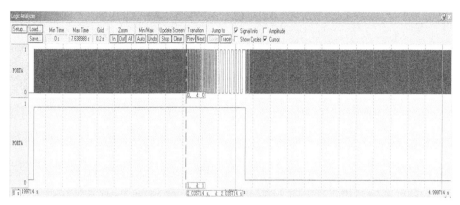

图 5-21　第二轴脉冲发送跟踪图

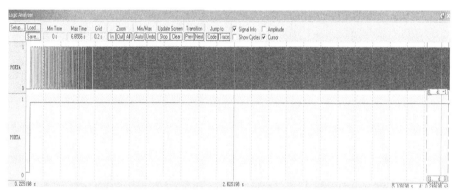

图 5-22　第三轴脉冲发送跟踪图

结果分析：图 5-20 和图 5-22 中刚开始加速过程缓慢，主要原因是这两个轴短时间内需要移动的位移小，而图 5-21 刚开始快速加速，是因为水平伸缩轴短时间内要移动的位移大，转换方向前减速，符合电机平稳转动规律，电机冲击小，运动平稳。

5.4　机械手造型程序设计

自动化景观修剪程序建立了半球形、圆柱形及圆锥形模型，输入景观修剪参数后，STM32F407 微控制器会自动计算相应模型参数的修剪轨迹，然后将轨迹转换为脉冲当量，通过 I/O 口发送脉冲到驱动器驱动步进电机使末端修剪刀具按轨迹运动。

5.4.1 自动修剪半球形程序设计

将承载车驾驶到将被修剪的树木附近，并且使树木处于园林机械手的工作空间中，手动调节末端刀具使其对准树木的中心，刀具处于水平位置且与 X 轴平行，输入修剪参数半径 R，处理器进行轨迹规划且进行脉冲换算，输出脉冲信号控制机械手按参数确定的轨迹运动，实现半球形造型自动修剪。程序流程图如图 5-23 所示，在 MDK 软件中开发自动修剪半球形造型的部分程序如下：

```
void TIM3_IRQHandler(void)
  {
  cp_d+=D2[step_d]; //脉冲计数
    if (D2[step_d]<0)    //
    {
        (GPIOD->ODR)|= 0x2000;  //
        (GPIOD->ODR)^= 0x4000;  //
        If ((cp_d)<=D[step_d+1]) //判断是否到达下一点
        {
            step_d++;        //
            if(step_d>=N)//判断是否到达终点
            {
                TIM_Cmd(TIM3, DISABLE);    //停止发送脉冲
            }
            else
            {
                TIM3_Run(84,D1[step_d]); //发送脉冲
            }
        }
    }
  }
```

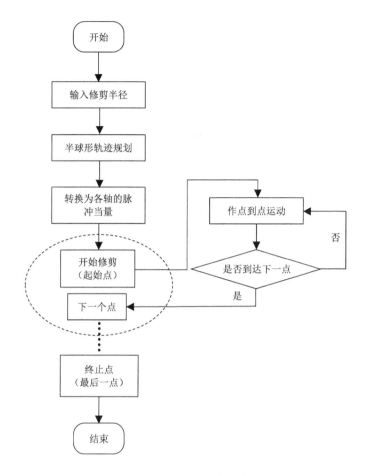

图 5-23　修剪半球形程序流程图

5.4.2　自动修剪圆柱形程序设计

自动修剪圆柱形需要分两次完成，其过程是先修剪圆柱顶面再修剪圆柱圆周面，这样在程序设计时需要分段进行。开始先将承载车驾驶到将被修剪的树木附近，并且使树木处于园林机械手的工作空间中，手动调节末端刀具使其对准树木的中心，刀具处于水平位置且与 Y 轴平行，输入修剪参数半径 R 和修剪高度 H 后，处理器进行轨迹规划，并进行脉冲换算，输出脉冲信号控制机械手按参数确定的轨迹运动，实现自动修剪。在 MDK 软件中开发自动修剪圆柱造型程序流程图如图 5-24 所示。

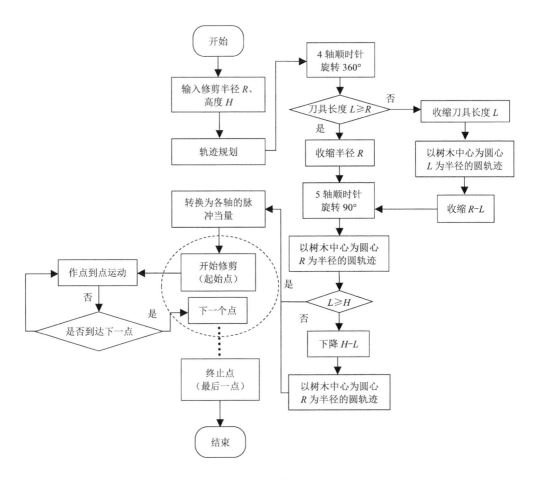

图 5-24　自动修剪圆柱程序流程图

5.4.3 · 自动修剪圆锥形程序设计

圆锥形修剪主要是修剪圆锥面，开始先将承载车驾驶到将被修剪的树木附近固定不动，并且使树木处于园林机械手的工作空间中，手动调节末端刀具使其对准树木的中心，刀具处于水平位置且与 Y 轴平行，输入修剪参数圆锥角 θ 和修剪高度 H 后，处理器进行轨迹规划，并且进行脉冲换算，输出脉冲信号控制机械手按参数确定的轨迹运动，实现圆锥造型自动修剪。在 MDK 软件中开发自动修剪圆锥形造型的程序流程图如图 5-25 所示。

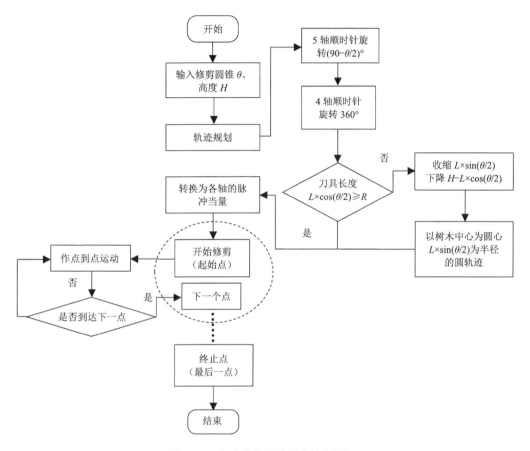

图 5-25　自动修剪圆锥程序流程图

5.5　园林机械手"虚实结合"试验研究

5.5.1　机械手"虚实结合"联机试验软件平台简介

借助 VIRTUAL UNIVERSE PRO 三维建模与仿真软件（以下简称 VUP 软件），能够快速地创建自动化系统的三维交互式仿真（或虚拟机器）。通过 VUP 软件，工业装备和自动化系统的设计者就能够在逼真且交互式的三维虚拟环境下测试他们的产品，并且实时地模拟设备行为。通过连接三维仿真器与外部控制器，如 PLC 或嵌入式虚拟控制器等，VUP 能够在完全虚拟的环境下，再现设备或机器在真实世界中的工作情况。

5.5.2 机械手"虚实结合"联机试验原理

VUP 软件为修剪机模型提供了与外部信息交换的接口,该接口可以与研华 I/O 采集卡、西门子 PLC 及欧姆龙 PLC 等直接通信。如图 5-26 所示,由于修剪机控制器采用 ARM 作为控制芯片,无法直接跟计算机模型连接,为了能够更真实体现修剪机控制器的性能,通过研华 USB I/O 数据采集卡采集修剪机控制器的输入输出信号,并且将其传输给 VUP 中的修剪机虚拟模型,最后在计算机中三维展示实体控制器对虚拟模型的控制效果。

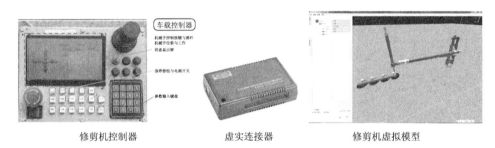

修剪机控制器　　　　　　　　虚实连接器　　　　　　修剪机虚拟模型

图 5-26　基于 VUP 的虚实结合实验系统组成

5.5.3 虚实实验系统搭建

1. 模型导入

将修剪机的三维模型转为 3DXML 数据格式,在 VUP 中 Monde 层次下导入修剪机的模型,如图 5-27 所示。

图 5-27　三维模型导入过程

导入 VUP 中的修剪机虚拟模型如图 5-28 所示。

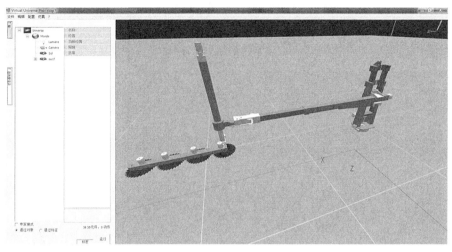

图 5-28　导入 VUP 后的修剪机模型

2. 模型设置

（1）位置调整

根据实际情况调整机械手到合适位置，将机械手调整到点（-1300,700,0）的位置，见图 5-29。

图 5-29　调整模型位置

（2）设置模型驱动器的类型

通过设置驱动器类型，可以将 VUP 中的虚拟机器与外部实体控制器或内部的虚拟控制器连接。由于修剪机的控制器采用 ARM 处理器作为控制芯片，VUP 目前尚不支持对 ARM 处理器的直接通信，选择"研华 I/O 板卡"作为修剪机虚拟模型的驱动器，见图 5-30。

图 5-30　设置外部驱动器

（3）模型树的调整

由于 VUP 在进行仿真时，部件模型的运动遵循"父子"关系，即子层次的部件跟随父层次的部件一起运动，可以在模型树中重新对修剪机各个零部件的"父子"关系进行调整。调整后如图 5-31 所示。

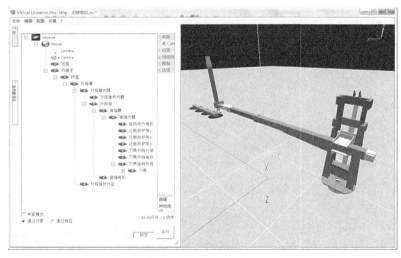

图 5-31　调整模型树

（4）添加动作

首先对需要运动的关节进行设定。由于以 3DXML 数据格式导入模型后，各零部件间已经遗失约束关系，需要重新设置各运动关节的类型及位置。升降臂组件围绕转盘的中心轴旋转，选中"升降臂"组件后，在菜单栏中选中"旋转轴的位置"选项，并且选中转盘的中心轴作为升降臂的旋转中心，如图 5-32 所示。

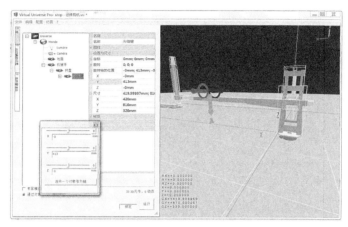

图 5-32　设置关节位置

通过添加部件的特定动作，可以实现该部件在外部数据输入或内部指令下的相应动作。如图 5-33 所示，添加升降臂绕转盘的步进旋转动作，更改动作名称为"底盘旋转动作"，该动作将捕获修剪机输给研华 I/O 采集卡的脉冲信号，并且驱动底盘旋转。

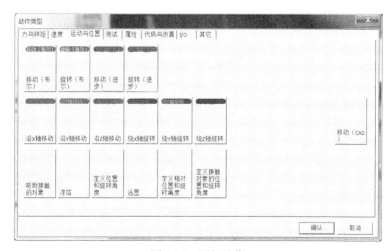

图 5-33　添加动作

添加研华 I/O 板卡的数字量通用读取动作，并且命名为"读取转盘旋转脉冲"和"读取转盘方向读取"，如图 5-34 所示。

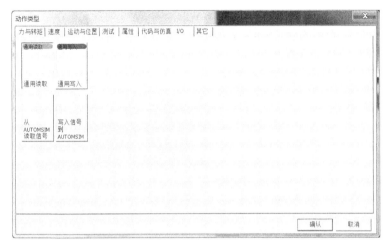

图 5-34　添加通用读取动作

将上一步创建的"读取转盘旋转脉冲"动作连接研华板卡的"Counter"脉冲计数寄存器，将"读取转盘方向读取"动作连接研华板卡的"数字量输入"寄存器，研华 I/O 采集卡的"Counter0"通道将驱动转盘的步进旋转，研华 I/O 采集卡的"数字输入通道 0"将控制转盘旋转方向。如图 5-35、图 5-36 所示。

图 5-35　设置读取转盘旋转脉冲动作的外部连接

图 5-36　设置读取转盘旋转方向动作的外部连接

（5）添加控制器

在 VUP 中，控制器可以有效管理各动作的逻辑运算关系。在动作的同级层次树下创建控制器，控制器选用 Ladder 梯形图编程语言，如图 5-37 所示。

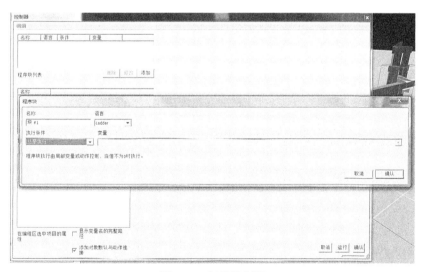

图 5-37　创建控制器

在程序编辑栏，输入如图 5-38 所示程序。

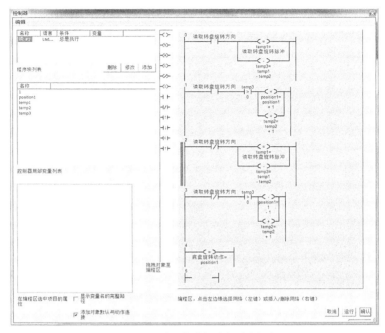

图 5-38　编写控制器梯形图程序

同理建立升降臂、伸缩臂、旋转臂、刀具升降臂和刀具倾角调节臂的动作及控制器。

5.5.4　园林机械手"虚实结合"虚实仿真实验

连接修剪机控制器后，在控制器上操作修剪机，进行园林机械手"虚实结合"虚实仿真实验。

1. 功能实验

根据控制器功能界面，对修剪机进行操作，测试控制系统的功能是否实现，查看修剪机的运动轨迹是否相符，检测机构运动是否存在干涉，等等。因此，点动操作各关节，再依次进行圆球修剪、圆柱修剪、圆锥修剪和圆台修剪，在 VUP 中查看机械手的运行过程及运行轨迹。如图 5-39～图 5-42 所示为修剪机在实体控制器控制下的运行轨迹。

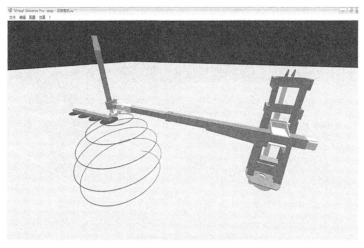

图 5-39　圆球修剪

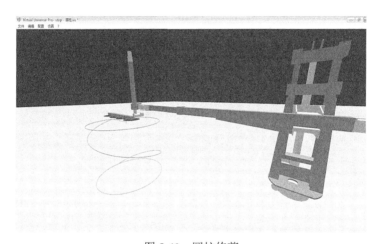

图 5-40　圆柱修剪

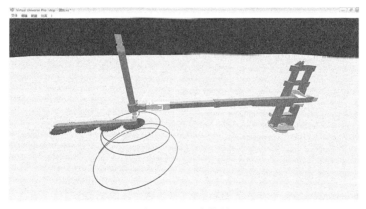

图 5-41　圆台修剪

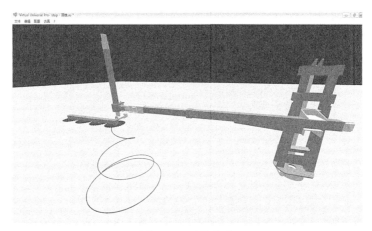

图 5-42　圆锥修剪

通过实验表明，修剪机控制系统各功能均能正常运行，能稳定控制修剪机进行圆球修剪、圆柱修剪、圆台修剪及圆锥修剪等。

2. 控制系统性能实验

连续运行修剪机控制系统，在重复进行功能实验的基础上，观察控制系统操控的易用性和稳定性。通过连续实验表明，修剪机的控制系统运行平稳，操作灵活简易，可靠性高。

第6章 园林机械手整机制造与试验研究

本章展示了园林机械手的物理样机，通过对布局方案的分析，确定承载方案，并且对关键零部件进行了动力分析与选型。通过物理样机的点动运行及实际的切割试验，证明了它能够顺畅的运行，造型修剪达到了设定的要求，造型过程的效率明显提高，并且修剪造型的效果良好，修剪后的树木、绿篱整齐划一。

6.1　园林修剪机整机布局方案分析

承载机构的布局主要针对承载机构的支撑轮的布局方案。无论是在城市道路修剪，还是在高速公路绿化带修剪，修剪机转场时，根据道路交通法规，支撑轮需要全部收回至承载车内。而且支撑轮收回承载车可以使得整机结构更加趋于小巧。

修剪机整机布局有园林机械手前置方案和后置方案。园林机械手前置指在承载车的前方加装连接座，并且将园林机械手械手整体安装在连接座上；园林机械手后置指将园林机械手安装在驾驶座的后方。园林机械手后置，驾驶员的视线不会受到阻挡。

6.2　承载机构选用与分析

承载车是园林机械手的支撑平台及动力源。在进行修剪作业时，机械手侧置于承载车的侧面，由于园林机械手伸缩臂的最大伸出长度达 2.7 m，为防止侧翻的危险，承载车应具有一定的重量和较充足的抗侧翻能力。

园林机械手选用福田雷沃 M254-E 型拖拉机（图 6-1）作为承载体，该拖拉机的主要结构尺寸和性能参数如表 6-1 所示。

表 6-1　雷沃 M254-E 型拖拉机结构尺寸和性能参数表

驱动形式	4*4 轮式	前轮距/mm	1260
宽/mm	1440	高/mm	1900
轴距/mm	1639	发动机功率/kW	18.8
前进速度范围/(km/h)	1.72～26.02	倒退速度范围/(km/h)	1.72～26.02

图 6-1　雷沃 M254-E 型拖拉机

整机的抗侧翻能力分析[62]"抗倾覆稳定性"的计算校验可表述如下：若由整机自重重力相对于倾覆边产生的力矩代数和，大于其他所有外力对同一倾覆边产生的倾覆力矩的代数和，则整机是稳定的；这一定义可以用如下的计算式表示。

$$\sum_{i=1}^{n}[M_p] > \sum_{j=1}^{m}[M_q]$$

式中，M_p——整机自重载荷对倾覆边的力矩，沿稳定方向者为正；M_q——除自重载荷之外载荷对倾覆边的力矩，沿倾倒方向者为正。图 6-2 为园林机械手的极限位置工况的示意图，此时伸缩臂伸出到最长位置。

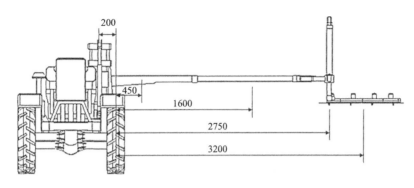

图6-2　极限位置工况的示意图

现以承载车的右侧边为倾覆边，则倾覆力矩为修剪刀具的质量，即12 kg，重心到倾覆边的距离为3200 mm；刀具升降机构及旋转机构的总质量为15 kg，其重心到倾覆边的距离是2750 mm；伸缩机构的内臂部件总质量是22 kg，其重心到倾覆边的距离是1600 mm；伸缩机构的外臂部件总质量是38 kg，其重心到倾覆边的距离是450 mm；主升降机构及旋转底座的总质量是125 kg，其重心到倾覆边的距离为200 mm。

则倾覆的总力矩为

$$M_{p1} = -(12 \times 3200 + 15 \times 2750 + 22 \times 1600 + 28 \times 450) = -127450$$

承载车的自重为2000 kg，距离倾覆边的距离为630 mm，则承载车的稳定力矩为

$$M_{p2} = 2000 \times 630 + 125 \times 200 = 1285000$$

$M_{p2} + M_{p1} = 1157550$，远远大于0。

由此可见整机是稳定的。

6.2.1　不同承载机构选用与分析

园林机械手前置是指在承载车的前方加装连接座，并且将园林机械手整体安装在连接座上。园林机械手前置的优点是工作直观性强，修剪作业时，园林机械手的工作状况直接呈现在驾驶员眼前，因此对整台机器的操作只需要一个人就可以完成，而不需要一个操作人员负责驾驶承载车，另一个操作人员操作园林机械

手，节约了劳动成本。此外由于园林机械手的工作状况直接呈现于操作人员的眼前，当园林机械手发生故障或工作不正常时，操作人员可以立即采取抢救措施，能够更有效避免灾难性事故的发生。如德国的 HS20 型绿篱修剪机，就是将修剪机安装在拖拉机的前方。前置布局的承载车如图 6-3 所示。

图 6-3　前置布局的承载车

6.2.2　机械手后置承载机构设计

园林机械手后置是将园林机械手安装在驾驶座的后方。优点是驾驶员的视线不会受到阻挡，此外，如果是用卡车作为承载体，还可以将园林机械手全部收回至承载车架内部；缺点是工作直观性差，一般需要两人协同操作，对两位操作人员的协同能力要求较高，也增加了劳动成本。

选择前置方案或后置方案应该根据实际的需求确定，如果定位在高速公路绿化带修剪，则应该采用园林机械手后置的方案，当进行转场时，园林机械手完全收回到车内，保障行车安全。如果定位在城市道路修剪或园林修剪，由于行驶速度较低，可采用园林机械手前置的方案，降低劳动成本，并且园林机械手不需要全部收回至承载车内，不需要承载车具有庞大的车架来容纳园林机械手，可以使得整机结构更加趋于小巧。后置布局的承载车如图 6-4 所示。

图 6-4　后置布局的承载车

6.3　园林机械手关键零部件的设计与选型

6.3.1　旋转底盘选型及动力分析

切割的作用阻力及园林机械手的全部惯性载荷都经过旋转底盘传递给承载车，对旋转底盘的要求是能够满足扭转载荷及倾覆载荷的需要。选用 SD-L-00 型四点接触球式回转驱动，其结构参数及性能参数如图 6-5 和图 6-6 所示。需要保证回转驱动的载荷位于图 6-6 的额定载荷曲线的下方。

根据图 6-2 所示的极限伸出工况，园林机械手的倾覆载荷为

$$M = [12\times(3200+200)+15\times(2750+200)+22\times(1600+200)+28\times(450+200)]$$
$$\times 9.8 = 1399930 \mathrm{N\cdot mm} \approx 1400(\mathrm{N\cdot m})$$

f_s 为载荷系数，参考轻型汽车起重机上的载荷系数，取 $f_s = 1.1$，则

$$M_{\max} = M\times f_s = 1400\times 1.1 = 1540\,(\mathrm{N\cdot m})$$

最大的切割阻力矩为

$$T = (3200+200)\times 540/1000 = 1836\,(\mathrm{N\cdot m})$$

又由第 5 章中对圆柱修剪的仿真得到旋转底盘最大作用扭矩为 3600N·m，取最大作用扭矩 $T_{\max} = 3600$N·m。

因此，载荷处在旋转底盘额定载荷曲线的下方，满足了使用要求。

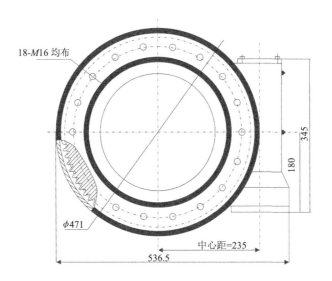

图 6-5　SD-L-00 型回转驱动尺寸参数（单位：mm）

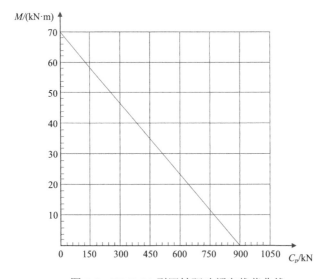

图 6-6　SD-L-00 型回转驱动额定载荷曲线

6.3.2　伸缩机构动力选型及动力分析

伸缩动力由电机提供，丝杠机构将伸缩动力电机的扭矩转为伸缩的驱动力。

伸缩的最大驱动力主要由切割阻力、惯性载荷和运动副的摩擦阻力确定。由第 5 章的仿真得知，在进行圆球与圆柱造型修剪时，最大驱动力约为 570 N，实际上，这个力包括了切割阻力和惯性载荷，滑动连接副的效率一般在 0.4 以内。则确定最大驱动力为

$$F_{\max} = 570 \div 0.4 = 1425 \text{N}$$

选用伸缩驱动的滚珠丝杠导程为 10 mm，滚珠丝杠的效率 η 一般可以达到 0.9，则需要的电机最大扭矩为

$$T_{\max} = F_{\max} \times L / (2\pi\eta) = 1425 \times 0.01 / (2 \times 3.14 \times 0.9) = 2.5 \text{N} \cdot \text{m}$$

选用 80ST-M03520 伺服电机，其额定转速为 2000 rad/min；额定扭矩为 3.5 N·m，峰值力矩达 10.5N·m。此时伸缩机构的额定伸缩驱动力为

$$F = 2\pi\eta T / L = 3.5 \times 2 \times 3.14 \times 0.9 / 0.01 = 1978 \text{N}$$

伸缩机构的额定伸缩速度为

$$V = nL = 2000 \times 0.01 = 200 \text{m} / \text{min} = 3.3 \text{m} / \text{s} ;$$

满足了第 5 章对圆球修剪进行仿真得到的伸缩机构 0.218 m/s 的最大伸缩速度的要求。

6.3.3　过载防护机构的分析与优化

上文对过载防护机构进行了设计，当载荷达到弹簧的预设值后，过载防护机构开始作用，即旋转机构连接架或内臂连接座开始绕对应的销钉偏转，然而由于弹簧被拉伸，弹簧提供的作用力是趋于增加的。为了达到更好的过载防护效果，对过载防护机构的要求是：过载防护机构起作用后，随着偏转量的增加，弹簧的作用力矩应当趋向减小。

过载防护机构的受力情况可以用图 6-7 所示的分析图来进行分析，A_1 和 A_2 分别为第一销钉到弹簧两固定端的距离，θ 为过载防护机构受力三角形的展角，H 为弹簧的力臂，L 是过载防护机构在图中的初始位置时弹簧的长度，根据余弦定理及三角形面积公式有

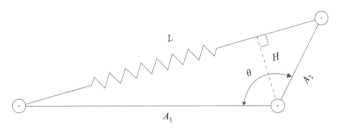

图 6-7　过载防护机构受力分析图

$$H = \frac{A_1 A_2 \sin\theta}{L} = \frac{A_1 A_2 \sin\theta}{\sqrt{A_1^2 + A_2^2 - 2A_1 A_2 \cos\theta}} \tag{6-1}$$

弹簧拉力为

$$\begin{aligned}
F &= k(L - L_0) + F_0 \\
&= k\sqrt{A_1^2 + A_2^2 - 2A_1 A_2 \cos\theta} + F_0 - k\sqrt{A_1^2 + A_2^2 - 2A_1 A_2 \cos\theta_0}
\end{aligned} \tag{6-2}$$

式中，k 为弹簧的刚度系数，F_0 为弹簧的预紧力，θ_0 为过载防护机构未发生偏转时的初始展角，L_0 为弹簧在初始展角状态下的长度。

弹簧在前臂销钉处的作用力矩为

$$T = FH$$

把式（6-1）和式（6-2）代入上式有

$$T = kA_1 A_2 \sin\theta + \left(F_0 - k\sqrt{A_1^2 + A_2^2 - 2A_1 A_2 \cos\theta_0} \right) \frac{A_1 A_2 \sin\theta}{\sqrt{A_1^2 + A_2^2 - 2A_1 A_2 \cos\theta}} \tag{6-3}$$

对式（6-3）两边求导，得

$$\begin{aligned}
T' &= kA_1 A_2 \cos\theta + \left(F_0 - k\sqrt{A_1^2 + A_2^2 - 2A_1 A_2 \cos\theta_0} \right) \\
&\quad \times \left(\frac{A_1 A_2 \cos\theta}{\sqrt{A_1^2 + A_2^2 - 2A_1 A_2 \cos\theta}} - \frac{A_1^2 A_2^2 \sin^2\theta}{(A_1^2 + A_2^2 - 2A_1 A_2 \cos\theta)^{\frac{3}{2}}} \right)
\end{aligned} \tag{6-4}$$

式（6-4）中 F_0 可表示为

$$F_0 = \frac{T_0}{H_0} = \frac{T_0\sqrt{A_1^2 + A_2^2 - 2A_1A_2\cos\theta_0}}{A_1A_2\sin\theta_0} \qquad （6\text{-}5）$$

将 $\theta = \theta_0$ 及式（6-5）代入式（6-4）式，得

$$f(\theta_0) = \frac{kA_1^2A_2^2\sin^2\theta_0}{A_1^2 + A_2^2 - 2A_1A_2\cos\theta_0} - \frac{T_0A_1A_2\sin\theta_0}{A_1^2 + A_2^2 - 2A_1A_2\cos\theta_0} + \frac{T_0\cos\theta_0}{\sin\theta_0} \quad （6\text{-}6）$$

式中，$k = 31000\text{N/m}$，$A_1 = 0.2\text{m}$，$A_2 = 0.06\text{m}$。

此外，取最大工作载荷为 600 N，作用在修剪刀头的中心，进行水平面修剪时，该作用力距离过载防护机构中心的力臂为 0.64 m，则过载防护机构的初始力矩为

$$T_0 = 600 \times 0.64 = 387\,\text{N}\cdot\text{m}$$

$f(\theta_0)$ 在 $(0,\pi)$ 内的曲线如图 6-8 所示。

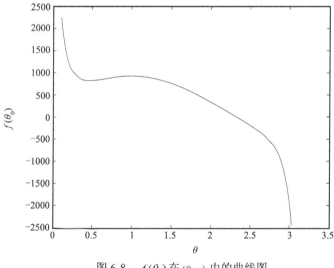

图 6-8　$f(\theta_0)$ 在 $(0,\pi)$ 内的曲线图

令式（6-6）左边 $f(\theta_0) = 0$，得到非线性不等式

$$0 = \frac{kA_1^2 A_2^2 \sin^2 \theta_0}{A_1^2 + A_2^2 - 2A_1 A_2 \cos \theta_0} - \frac{T_0 A_1 A_2 \sin \theta_0}{A_1^2 + A_2^2 - 2A_1 A_2 \cos \theta_0} + \frac{T_0 \cos \theta_0}{\sin \theta_0} \quad （6\text{-}7）$$

可用 MATLAB 中自带的一维非线性方程优化解函数求式（6-7）的解，其调用格式如下：

$$[x,\ fx,\ \mathrm{flag}]=\mathrm{fzero}(\mathrm{fun},\ x_0)$$

其中，输入参数 fun 是非线性方程的函数表达式；x_0 是根的初值；输入参数中 x 是非线性方程的数值解；fx 是数值解的函数值；返回参数 flag>0 时，表示求解成功，否则求解有问题。

求得 $\theta_0 = 1.94$，$f(\theta_0) = 0$，即 θ_0 的初值角度是 111°。此时，过载防护机构的弹簧作用力特性如图 6-9 所示，过载防护机构的弹簧作用力矩特性如图 6-10 所示。

此外，为了分析过载防护机构初始展角 θ_0 在优化前与优化后对过载防护机构输出特性的影响，图 6-11 和图 6-12 分别给出了 $\theta_0 = 1.3$ 时过载防护机构的弹簧作用力特性曲线及力矩特性的曲线。

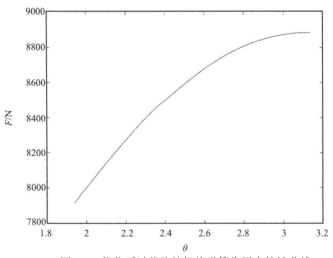

图 6-9　优化后过载防护机构弹簧作用力特性曲线

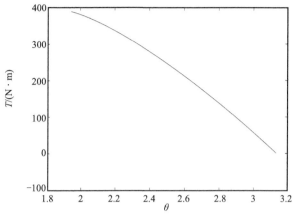

图 6-10　优化后过载防护机构弹簧作用力矩特性曲线

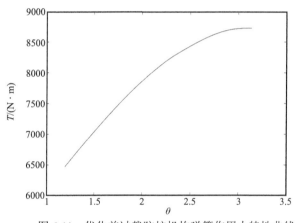

图 6-11　优化前过载防护机构弹簧作用力特性曲线

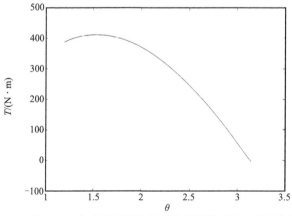

图 6-12　优化前过载防护机构弹簧作用力矩特性曲线

由图 6-9～图 6-12 可知，当切割阻力矩达到 387N·m 时，过载保护机构开始工作，过载防护机构的展角在增加。由图 6-9 和图 6-11 知，随着过载防护机构偏转角度的增加，弹簧拉伸量增加，弹簧的作用力也在变大。由图 6-10 知，当过载防护机构开始工作后，弹簧在销钉处形成的作用力矩却在减小；然而，图 6-12 中，当过载防护机构开始工作后，弹簧在销钉处形成的作用力矩是先增加到约 420N·m 后，在 $\theta_0 = 1.55$ 处开始呈现减少的趋势。由图 6-10 与图 6-12 的对比可知，当过载防护机构的初始展角 $\theta_0 = 1.94$ 时，过载防护机构一旦被触发起作用后，其刚性迅速减小，起到了良好的过载防护效果。

6.4　园林机械手样机制造

在对园林机械手的承载车、主要零件进行选型与性能分析之后，进行样机的制造。轴承、联轴器、螺栓等采用标准件减少样机的成本且降低维修的难度。电机、旋转底盘等根据选型的结果进行购买。

园林机械手中要进行加工制造的零件主要有回转件、管件、钢板焊接件和箱体，如升降架为钢板焊接件，而各轴、销则为回转件。从 Pro/E 中生成制造图纸后，对样机的零件进行加工制造。最后完成的样机实物如图 6-13 所示。

图 6-13　园林机械手样机实物图

如图 6-14 所示的机械手的工作尺寸，可以在物理样机中分别操作相应的运动

关节，使其从一个极限位置运动到另一极限位置来测量。经过测量，样机的工作
尺寸范围参数如表 6-2。

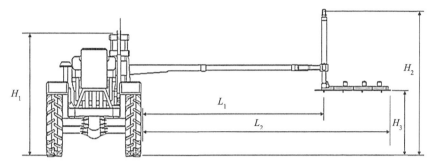

图 6-14　机械手的工作尺寸范围示意图

表 6-2　园林机械手样机的活动空间范围

参数	尺寸范围/mm
主升降机构顶端的高度范围 H_1	1730～2450
刀具升降机构顶端的高度范围 H_2	1660～3100
修剪刀具的高度范围 H_3	80～2160
机械手的末端伸出车外侧范围 L_1	1250～2750
修剪刀具末端距离车外侧范围 L_2	1250～2750

6.5　园林机械整机装配和调试

在相关零件制造完成后，按照装配图纸进行整机装配，装配的各紧固件应安装牢固，不得有漏装和错装现象。刀架安装后，在自重作用下，应能自如地转动。刀盘的安装应牢固，转动应稳定可靠。在修剪机运动过程中，电气线不应与其他机构干涉。装配后按以下步骤调试。

（1）通过分别操作园林机械手各个关节的运行，检查机构是否有装配上的干涉现象。

（2）进行造型修剪试验，检验园林机械手能否按照预定的轨迹行走，同时检验各运动关节的驱动部件是否有充足的驱动力和驱动力矩。

（3）进行绿篱面的修剪试验，记录修剪速度数据，并且对修剪的效果进行评判。

6.6　机械手的修剪试验

1. 各关节点动运行试验

开启机器后，依次运行旋转底座、主升降机构、伸缩机构、旋转机构、刀具升降机构和刀具倾斜角度调整机构，使旋转底座完成 360° 内的旋转，使主升降机构从最低点上升到最高点，使伸缩机构从最短位置伸出到最长位置，使旋转机构连续运转数圈，使刀具升降机构从最顶端下降到最底端，并查看机械手是否有卡死现象。此过程中要求手不能离开急停按钮，若发现园林机械手发生卡死现象，应紧急停止关节的运行，并检查故障的原因。

样机试验证明，园林机械手的各关节在其活动范围内运行顺畅，未发生装配上的干涉现象。

2. 球形修剪试验

将承载车开至绿篱树木旁边，调整园林机械手，使修剪刀具处在树木中心的正上方，进行球形修剪。设定修剪球形的直径是 1.2 m。修剪完成效果如图 6-15 所示。表明园林机械手进行造型修剪能够达到较好的效果，树木外观平整，修剪完成后树木的直径基本等于预设的 1.2 m。从开始修剪至修剪结束，总耗时 62 s，对比第 5 章中仿真的 75 s 时间快了 13 s，这是因为将修剪的速度加快到 62 s 后，修剪机仍能够顺利地进行球形的修剪，故加快了修剪的速度。人工手持剪刀修剪则需要 2~3 个绿化工人一起花费 3~5 min 进行，因此园林机械手修剪球形造型效率较人工修剪相比提高了 10 倍以上。

图 6-15　球形景观苗木的造型修剪

3. 平面修剪的试验

绿篱苗木修剪机械手在修剪刀具长度为 1.0 m，保持 3.0 km/h 的行车速度，进行绿篱面的修剪，见图 6-16 和图 6-17。试验表明园林机械手进行绿篱面修剪的效果良好，切口平整，修剪完成后的绿化带整齐美观。园林机械手可以进行长时间的连续作业，而修剪工人手持绿篱机进行修剪作业时，每修剪 20 min 就要进行短暂的休息。此外调查表明，正常修剪时绿化工人修剪每 100 m² 绿篱所需的时间在 1 h 左右，这还只是在绿篱树枝比较细及柔软，并且绿篱为矮绿篱的条件下进行的。因此园林机械手修剪平面造型的效率较人工修剪高 30 倍以上。

图 6-16　绿篱面修剪效果图

图 6-17　绿篱面修剪效果图

参 考 文 献

[1] Ii R W H，Hall E L. Survey of robot lawn mowers[J]. Proceedings of the Spie，2000，4197：262-269.

[2] 朱权. 园林绿化机械设备的现状与发展趋势[J]. 现代园艺，2011，(21)：108.

[3] 顾正平，沈瑞珍. 树木栽植与养护机械发展概况[J]. 世界林业研究，2005，18(4)：40-44.

[4] 王伟，唐传茵，张宏，等. 移动式绿篱修剪机设计[J]. 农机化研究，2010，32(6)：122-125.

[5] 陈芳芳，吴小锋. 四自由度绿篱修剪机器人运动学仿真研究[J]. 机电工程技术，2009，38(10)：30-31.

[6] 姜子良，栗田奎. 我国园林机械的发展概况与建议[J]. 辽宁林业科技，2005，(3)：66-67.

[7] 向北平，陈熙. 高速路绿化隔离带液压剪枝车的设计[J]. 机械设计与制造，2009，(10)：33-34.

[8] 向北平，杨乾华. 道路绿化带液压剪枝车的研究与设计[J]. 液压与气动，2008，(9)：9-11.

[9] 周跃敏. 绿篱种植与养护技术探讨[J]. 绿色科技，2011，(7)：86-87.

[10] 朱青峰. 园林绿化种植与养护管理[J]. 林业实用技术，2008，(3)：40-42.

[11] 李世华，陈念斯. 城市道路绿化工程手册[M]. 北京：中国建筑工业出版社，2007.

[12] 中国林业机械协会园林机械专业委员会. 我国园林机械行业发展及市场容量预测[J]. 林业机械与木工设备，2012，(3)：4-7.

[13] 谢存禧，张铁. 机器人技术及其应用[M]. 北京：机械工业出版社，2012.

[14] Piper D，Roth B. The Kinematics of Manipulators Under Computer Control[J]. 1968.

[15] Paul R P，Shimano B. Kinematic control equations for simple manipulators[C]IEEE Conference on Decision & Control Including the Symposium on Adaptive Processes，2007，11(6)：1398-1406.

[16] 付克逊等. 机器人学[M]. 北京：中国科学技术出版社，1989.

[17] Westkämper E，Schraft R D，Schweizer M，et al. Task-oriented programming of large redundant robot motion[J]. Robotics and Computer-Integrated Manufacturing，1998，14(5-6)：363-375.

[18] Cao B，Dodds G I，Irwin G W. Constrained time-efficient and smooth cubic spline trajectory generation for industrial robots[J]. IEE Proceedings - Control Theory and Applications，1997，144(5)：467.

[19] Design of a controlled spatial curve trajectory for robot manipulators[C]IEEE Conference on Decision & Control，1991，1(2)：161-166.

[20] Design and development of a humanoid with soft 3D-deformable sensor flesh and automatic recoverable mechanical

overload protection mechanism[C]IEEE/RSJ International Conference on Intelligent Robots & Systems，2009：4977-4983.

[21] 李达. 工业机器人轨迹规划控制系统的研究[D]. 哈尔滨：哈尔滨工业大学，2011.

[22] 殷际英，何广平. 关节型机器人[M]. 北京：化学工业出版社，2003.

[23] Lajpah L. Integrated Environment for Modelling，Simulation and Control Design for Robotic Manipulators[J]. Journal of Intelligent & Robotic Systems，2001，32(2)：219-234.

[24] 范波涛，张良. 蒙特卡罗方法在喷浆机器人工作空间分析中的应用[J]. 山东工业大学学报，1999，(2)：146-151.

[25] 徐礼钜，范守文. 机器人奇异曲面及工作空间界限面分析的数字-符号法[J]. 机械科学与技术，2000，19(6)：861-863.

[26] 刘淑春，马香峰. 求解机器人工作空间的包络法[J]. 北京科技大学学报，1993，(02)：201-207.

[27] 王国业，刘昭度，马岳峰，等. Electronic Brake-Force Distribution Control Methods of ABS-Equipped Vehicles During Cornering Braking[J]. 北京理工大学学报（英文版），2007，16(1)：34-37.

[28] 杨德荣，冯宗律. 机器人工作空间快速可靠数值算法[J]. 机器人，1990，12(2)：8-13.

[29] 王兴海，周迢. 机器人工作空间的数值计算[J]. 机器人，1988，(1)：50-53.

[30] 黄清世，廖道训. 机械手工作空间的计算[J]. 华中科技大学学报（自然科学版），1984，(2)：81-88.

[31] 马香峰. 机器人机构学[M]. 北京：机械工业出版社，1991.

[32] 段齐骏，黄德耕. 机器人工作空间与包容空间的图解法[J]. 南京理工大学学报，1996，(4)：318-322.

[33] Rastegar J，Fardanesh B. Manipulation workspace analysis using the Monte Carlo Method[J]. Mechanism & Machine Theory，1990，25(2)：233-239.

[34] 徐诚平. IRB1400 型机器人轨迹规划与控制[D]. 上海：上海海事大学，2005.

[35] 林清安，刘国彬. Pro/ENGINEER Wildfire 入门与范例[M]. 北京：中国铁道出版社，2004.

[36] 谭雪松，张青，钟延志. Pro/Engineer Wildfire 中文版高级应用[M]. 北京：人民邮电出版社，2007.

[37] 王立权，吴健荣，刘于珑，等. 机器人虚拟主手参考结构及关键技术研究[J]. 制造业自动化，2008，30(8)：54-57.

[38] 陈德民，槐创锋，张克涛. 精通 ADAMS 2005/2007 虚拟样机技术[M]. 北京：化学工业出版社，2010.

[39] 史丽红. 基于 Pro/E 和 ADAMS 软件的少自由度并联机器人运动学和动力学分析[D]. 邯郸：河北工程大学，2010.

[40] 张存良. 七功能水下机械手运动学及虚拟样机运动仿真的研究[D]. 哈尔滨：哈尔滨工程大学，2009.

[41] 郑凯. ADAMS 2005 机械设计高级应用实例[M]. 北京：机械工业出版社，2006.

[42] 李增刚. ADAMS 入门详解与实例[M]. 北京：国防工业出版社，2014.

[43] 杜平安. 有限元网格划分的基本原则[J]. 机械设计与制造，2000，(1)：34-36.

[44] 商跃进. 有限元原理与 ANSYS 应用指南[M]. 北京：清华大学出版社，2005.

[45] 孙林松，王德信，谢能刚. 接触问题有限元分析方法综述[J]. 水利水电科技进展，2001，21(3)：18-20.

[46] 邵明远，李炳文，种法洋，等. 基于 Pro/E 及 ANSYSWorkbench 的液压支架顶梁的静力与疲劳分析[J]. 煤矿机械，2014，35(10)：226-228.

[47] 刘鑫，张祥林，冯科. 基于 ANSYS Workbench 的冲压机械手机座优化设计[J]. 机械制造与自动化，2014，(6)：197-200.

[48] 郭昌进，杨喜，王金丽，等. 基于 ANSYS Workbench 的甘蔗叶粉碎机机架模态分析[J]. 农机化研究，2014，(8)：23-26.

[49] 杨志敏，周健，李立君，等. 基于 ANSYS Workbench 的采摘机器人臂架模态分析[J]. 农机化研究，2013，(12)：56-58.

[50] 张宁，赵满全，史艳花，等. 基于 ANSYS Workbench 双圆盘割草机连接架模态分析[J]. 农机化研究，2014，(5)：71-74.

[51] 李永刚，宋轶民，黄田，等. 少自由度并联机器人机构的静力分析[J]. 机械工程学报，2007，43(9)：80-83.

[52] 余刚珍. 基于 ANSYS Workbench 的车架结构有限元分析及拓扑优化技术研究[D]. 哈尔滨：哈尔滨工业大学，2014.

[53] 周莉. 基于 workbench 分析的轴箱体局部结构优化设计[J]. 技术与市场，2014，(3)：16.

[54] 李帅，穆瑞芳，张壮志. 基于 ANSYS Workbench 拓扑优化对止动架轻量化的研究[J]. 船舶工程，2016，(7)：35-39.

[55] 刘文学，冯伟，刘文，等. 通用飞机航电系统开发过程中的需求研究[J]. 电子测试，2017，(8)：110-111.

[56] 万科含. 加工中心自动换刀机械手机构可靠性分析研究[D]. 沈阳：东北大学，2014.

[57] 邓冬梅，杨铁林. 嵌入式系统和 Linux[J]. 计算机与现代化，2004，(12)：50-52.

[58] 张慧娟. STM32 F4 系列抢占 Cortex-M4 内核先机[J]. Edn China 电子设计技术，2011，18(11)：16.

[59] 李杰，曹宇，朱坚，等. 基于嵌入式 Linux 的矩阵键盘设计与实现[J]. 现代电子技术，2006，29(24)：81-83.

[60] 潘俊强，刘莉. Linux 字符设备驱动程序的设计[J]. 浙江科技学院学报，2000，(4)：9-13.

[61] 孙少华，徐立中. 面向嵌入式 Linux 系统的图形用户界面[J]. 计算机技术与发展，2005，15(10)：123-125.

[62] 胡宗武，汪西应，汪春生. 起重机设计与实例[M]. 北京：机械工业出版社，2009.